Im Wald.
Eine Kulturgeschichte

Im Wald.
Eine Kulturgeschichte

Schweizerisches
Nationalmuseum (Hg.)
Scheidegger & Spiess

Denise Tonella
Direktorin

Vorwort

Naturwissenschaftliche und ökologische Themen sind heute längst auch Teil von kulturwissenschaftlichen Debatten. Das Anthropozän – die zu Beginn des 21. Jahrhunderts definierte und teilweise umstrittene Benennung einer neuen geologischen Epoche, in welcher der Mensch zu einem der wichtigsten Einflussfaktoren auf die Prozesse auf der Erde geworden ist – beeinflusst die Debattenkultur in den Geistes- und Sozialwissenschaften. Der ehemalige Gegensatz zwischen Natur und Kultur ist heute nicht mehr aktuell. Im Gegenteil: Zwischen den beiden Kategorien wird ein untrennbarer Zusammenhang postuliert.

Die historische Forschung beschäftigt sich seit einigen Jahren mit Umweltgeschichte und Klimaforschung. In Museen und Ausstellungen werden die Eingriffe des Menschen in unsere natürliche Umwelt zunehmend thematisiert. In einer Zeit, in der grosse Flächen des Regenwaldes akut vom Eingriff der Menschen bedroht sind, mit weitreichenden Folgen für das Weltklima und das Leben kommender Generationen, ist eine Beschäftigung mit Wäldern auch für kulturgeschichtliche Museen zu einer dringlichen Aufgabe geworden. In diesem Zusammenhang fragt das Schweizerische Nationalmuseum in der Ausstellung *Im Wald. Eine Kulturgeschichte* nach unserem Verhältnis zum Wald und nach der Art und Weise, wie wir ihn darstellen und mit ihm umgehen. Er ist ein Ort zwischen Wildnis und Zivilisation, zwischen Unberührtheit und Forstwirtschaft, er berührt uns bis heute und bringt uns zum Philosophieren und Nachdenken.

Die Ausstellung und die vorliegende Publikation schöpfen aus dem jahrtausendealten Humus und fragen nach der Entstehung und Entwicklung des Waldes, nach seiner Nutzung und Pflege. Sie beschreiben den Wald als Jagdrevier und Projektionsfläche, als Holzlieferanten und Erholungsort. Schutz und nachhaltige Nutzung insbesondere der Gebirgswälder setzten in der Schweiz im 19. Jahrhundert ein. Einige Vorreiter, darunter der Zoologe Paul Sarasin, verschrieben sich dem Naturschutz und regten die Gründung des Schweizerischen Nationalparks an. Andere – wie Bruno Manser, Armin Caspar oder Anita Guidi – verliessen die Schweiz, kämpften für den Schutz von Regenwäldern und ihre indigenen Gemeinschaften und förderten weltweit ökologisches Bewusstsein. Der Zustand des Waldes sagt nicht nur etwas über das Klima der Erde aus, sondern auch über die menschlichen Kulturen und deren Schnittstelle zur Natur. Beeindruckende künstlerische Werke bringen dies in der Ausstellung im Landesmuseum Zürich zum Ausdruck.

Die Ausstellung mit ihren zahlreichen Exponaten und die begleitende Publikation arbeiten sich durchs Unterholz, führen Sie von der Waldnutzung in der Steinzeit über die Rodungen des Mittelalters hin zur indigenen Kultur des 21. Jahrhunderts und machen Abstecher in Äste der Literatur und der Kunst.

Für das Zustandekommen der Ausstellung und der vorliegenden Publikation gilt mein grosser Dank den Projektleiterinnen Pascale Meyer und Regula Moser. Ihre Leidenschaft und ihr Engagement für das Thema waren inspirierend und wegweisend zugleich. Mein Dank geht auch an die Co-Kuratorin Noëmi Crain Merz. Ebenso will ich dem Atelier *Schmauder Und* für die szenografische Umsetzung des Themas in den Räumen unseres Erweiterungsbaus, dem Verlag Scheidegger & Spiess und den Autorinnen und Autoren meine Dankbarkeit aussprechen. Ein herzlicher Dank geht schliesslich an die leihgebenden Institutionen, die mit ihren kostbaren Objekten und Kunstwerken unsere Ausstellung bereichert haben, sowie an die vielen weiteren Beteiligten, die mit Begeisterung und Teamgeist zum Gelingen dieses Projekts beigetragen haben.

Pascale Meyer
Regula Moser

Einleitung

«Der weisse Mensch ist das Verderben der Schöpfung, er ist der Verwüster des Paradieses der Erde [...]», erklärt Paul Sarasin 1907 im Rahmen des Weltnaturschutzkongresses in der Schweiz. Er und sein Cousin Fritz Sarasin haben dieses Paradies um 1893 gesehen. In Ceylon und Celebes, wo sie dank kolonialer Strukturen forschen und leben konnten, erkannten sie die drohende Zerstörung. Zurück in der Schweiz setzt sich Paul Sarasin mit aller Kraft für einen globalen Naturschutz und die Idee eines Schweizerischen Nationalparks ein. Was ist passiert?

Im Laufe des 19. Jahrhunderts wird die Umweltzerstörung in Europa augenfällig, die Aufklärer des 18. Jahrhunderts haben längst darauf hingewiesen. Die Schäden durch die Industrialisierung, das erhöhte Bevölkerungswachstum und die zunehmende Mobilität sind gross. Wälder sind abgeholzt, das Wild ist drastisch reduziert und die Berghänge sind kahl. Aus dem städtischen Milieu erfolgt nun der Ruf nach Schutz. Männer aus den grossbürgerlichen Eliten wie Paul und Fritz Sarasin beginnen sich – als patriotischer Akt, im Sinne des Heimatschutzes – zu engagieren und gründen den Nationalpark.

Im 20. Jahrhundert werden die Motive, die die Beschützer ausbrechen lassen, globaler. Regenwälder rücken ins Zentrum ihrer Betrachtungen und ihres Engagements. So reisen etwa der Geschäftsmann Armin Caspar und die Künstlerin Anita Guidi 1945 und 1948 in das Amazonasgebiet zu den Ka'apor und Tucano und engagieren sich gegen die Abholzung und Zerstörung des Lebensraums der Indigenen. Zurück in der Schweiz bringen sie ihr Wissen darüber in zahlreichen Vorträgen und Ausstellungen unter die Leute.

Ähnlich auch Bruno Manser, der 1984, ein einfaches Leben suchend, nach Borneo reist, um mit den dortigen nomadischen Waldbewohnern, den Penan, zu leben. Nach seiner Rückkehr 1990 verschreibt er sich dem Kampf gegen die Abholzung der Regenwälder und dem Schutz der indigenen Bevölkerung.

Ausstellung und Publikation stellen diese Persönlichkeiten vor und zeichnen den Weg dieser Pioniere des Wald- und Naturschutzes nach. Doch die Geschichte des Schutzes der Wälder wäre nur halb geschrieben, wenn nicht der Darstellung des Waldes in Kunst und Literatur ein besonderes Augenmerk geschenkt würde. Denn gerade in der bildenden Kunst und in der Literatur spiegelt sich die Geschichte des Natur- und Waldverständnisses. Während die Romantiker den Wald als Rückzugsort von der Zivilisation verklären und als Ort der nationalen Gesinnung preisen, wird er von Künstlern des 19. Jahrhunderts zur reinsten Form von Ästhetik und Erhabenheit stilisiert. So beispielsweise von Ferdinand Hodler, der in seinen Walddarstellungen «das ewige Element der Natur, die Schönheit», zum Ausdruck bringt.

Im 20. Jahrhundert wird der Wald immer mehr zum Sinnbild von politischen Statements gegen Umweltzerstörung. Wegweisend ist Joseph Beuys, der 1972 zur Rettung des Waldes aufruft und 1982 im Zuge der *documenta 7* ganze 7000 Eichen pflanzen lässt. Julian Charrière bringt das Drama am Ende der Ausstellung auf den Punkt: In *Ever Since We Crawled Out* kippt ein Baum nach dem anderen knarzend zu Boden – während am Anfang der Ausstellung Hodlers Holzfäller kurz davor steht, den ersten Baum zu fällen.

Noch immer ist diese Ambivalenz in unserem Verhältnis zum Wald spürbar. Vom Ort der Besinnlichkeit, der Ruhe und Entspannung («Waldbaden») zum Menetekel der drohenden Klimakatastrophe: Der Wald ist nicht einfach nur Natur, er ist mehr denn je Mahnmal – für das Ungleichgewicht unseres Planeten.

Daniel Maynard

Wälder renaturieren und schützen

Im Englischen wie auch im Deutschen kennt man das Sprichwort «Den Wald vor lauter Bäumen nicht sehen». Es bedeutet, dass man vor lauter Details die Sicht auf das Ganze verliert. In ökologischer Hinsicht ist an dieser Redewendung durchaus etwas Wahres dran.

In den letzten Jahren ist Bäumen immer mehr Aufmerksamkeit zuteilgeworden. Zum einen hat das damit zu tun, dass die durch die Erderwärmung hervorgerufene Entwaldung und die durch den Klimawandel verursachten Naturkatastrophen den ursprünglichen globalen Baumbestand in besorgniserregendem Ausmass reduziert haben, zum anderen, weil natürliche Ökosysteme wichtige Mittel zur Bekämpfung des Klimawandels und zum Erhalt der Biodiversität darstellen, von der alles Leben abhängt.

Wälder bringen den Menschen viele Vorteile: Sie filtern Wasser und Luft, liefern Ressourcen in Form von Brennstoffen, Nahrung und Medikamenten, beherbergen einen Grossteil der weltweiten Artenvielfalt, fördern die menschliche Gesundheit und speichern Kohlenstoff. Nicht umsonst bezeichnet man sie auch als die Lungen der Erde. Bäume nehmen über ihre Blätter Kohlendioxid auf, speichern Kohle in Form von Holz und geben Sauerstoff wieder in die Atmosphäre ab.

2019 veröffentlichte das Crowther Lab der ETH Zürich eine international vielbeachtete Studie. Darin zeigten die Forscherinnen und Forscher, dass die Welt zurzeit, ohne die Städte und die landwirtschaftlichen Zonen mitzuzählen, über eine Fläche von rund 0,9 Milliarden Hektaren Land verfügt (was ungefähr der Grösse der USA entspricht), auf denen Wälder wachsen könnten. Diese potenziellen Wälder könnten bis zu 30 Prozent des überschüssigen Kohlenstoffs binden, den wir bisher in die Atmosphäre abgegeben haben.

Diese Arbeit hat – zusammen mit Beiträgen vieler anderer Wissenschaftlerinnen und Wissenschaftler weltweit – Kampagnen zur Aufforstung und Renaturierung neues Gehör verschafft. Richtig umgesetzt, stellen die vielfältigen einheimischen Waldflächen ohne Zweifel ein wirksames Instrumentarium zur Begrenzung und Bewältigung des weltweiten Klimaproblems dar. Die Gefahr ist aber, dass wir vor lauter Bäumen den Wald nicht wahrnehmen.

Warum? Weil ein Wald mehr ist als lediglich eine Ansammlung von Bäumen. Wälder sind komplexe Systeme voneinander abhängiger Arten – von Bodenmikroben über Pilze und Tiere bis hin zu den verschiedenen Baumarten –, die eng zusammenwirken und somit eine biodiverse Umwelt schaffen, die all diese Arten am Leben erhält. Wenn sich Aufforstungsprojekte lediglich auf das Anpflanzen von Bäumen beschränken, wird die Komplexität dieser gesunden, natürlichen Ökosysteme oft übersehen oder zumindest stark vereinfacht.

Die Wiederherstellung eines gesunden natürlichen Ökosystems bedarf der Zusammenarbeit mit lokalen Experten und Gemeinschaften, die oft am besten wissen, was ökologisch Sinn macht und sozial verantwortbar ist. Manchmal ist die natürliche Regeneration die beste Art der Aufforstung. In anderen Fällen braucht es eine tiefer greifende Intervention, um degradierte Böden zu sanieren und das Gedeihen von Bäumen wieder zu ermöglichen. Das Pflanzen von Bäumen ist ein wichtiger Aspekt der Aufforstung, aber bei einer nachhaltigen Umweltsanierung geht es um mehr als nur Bäume – es geht um die Förderung einer vielfältigen Gemeinschaft von einheimischen Pflanzen, Tieren und Mikroorganismen.

Aufforstungsprojekte können sogar regelrecht schädlich sein, dann nämlich, wenn Bäume lediglich aufgrund ihrer Fähigkeit Kohlenstoff zu speichern, angepflanzt werden. Sogenannte «CO_2-Kompensationsplantagen» bestehen in der Regel aus unzähligen Reihen schnellwachsender Bäume der gleichen Spezies. Das sind aber keine Wälder, sondern nur eine Vielzahl von Bäumen. Da es dieser Konstellation an Biodiversität mangelt, sind solche Monokulturen weniger gesund und widerstandsfähig als natürliche Wälder; und sie bieten nicht die vielen Vorteile und Möglichkeiten, die wir von gesunden Wäldern erwarten. Zudem sind sie anfälliger für Krankheiten, Dürren, Waldbrände und Klimaerwärmung, was ihre Fähigkeit als langfristige Kohlenstoffspeicher arg kompromittiert.

Wenn wir uns stattdessen auf die Regeneration von heimischen Mischwäldern konzentrieren, erhalten wir alles, was sie zu bieten haben – Artenvielfalt, sauberes Wasser, saubere Luft und eine vielseitige Lebensgrundlage für die Menschen. Und da Mischwälder das gesamte verfügbare Licht und die vorhandenen Nährstoffe effizienter nutzen, können sie auch Kohlenstoff besser speichern als Monokulturen. Die Speicherung von Kohlenstoff ist demnach eher als Nebeneffekt eines gesunden Waldes zu verstehen, und nicht als dessen Hauptzweck. Regenerationsbemühungen, deren Hauptziel das Binden von Kohlenstoff ist und die sowohl die lokale Ökologie als auch die sozialen Rahmenbedingungen vernachlässigen, sehen tatsächlich vor lauter Bäumen den Wald nicht.

Auf der ganzen Welt nimmt der Waldbestand in erschreckendem Ausmass und Tempo ab. Mancherorts holzen die Menschen Wälder ab, weil sie Platz für ihre Häuser, ihre Äcker und ihr Vieh oder Brennmaterial benötigen. Die grösste treibende Kraft hinter der Abholzung ist jedoch die stetig wachsende Nachfrage nach umweltschädlichen Rohstoffen wie Palmöl und Edelmetallen, der jedes Jahr fünf Millionen Hektaren Wald zum Opfer fallen, was ungefähr der Fläche der Schweiz entspricht. Von daher gesehen spielen wir alle eine wichtige Rolle beim Schutz der globalen Wälder. Unsere Konsumentscheidungen vor Ort haben tiefgreifende Auswirkungen auf Wälder, die Tausende Kilometer entfernt sind. Solange wir schneller abholzen als aufforsten, sieht die Zukunft düster aus.

Naturschutz und Regeneration müssen somit Hand in Hand gehen. Es ist einfacher, Existierendes zu schützen, als Verlorenes wiederherzustellen. Das gilt vor allem dann, wenn wir uns der Aufgabe stellen, ein aus Tausenden Arten von Pflanzen, Tieren und Mikroorganismen bestehendes, komplexes Ökosystem wiederzubeleben.

Ebenso wichtig ist die Erkenntnis, dass selbst die beste Aufforstung nicht das Allheilmittel gegen den Klimawandel ist. In erster Linie müssen wir unsere CO_2-Emissionen deutlich reduzieren. Wälder können dabei – wie alle gesunden und vielfältigen Ökosysteme – eine wichtige Stütze sein, indem sie zumindest einen Teil des in der Atmosphäre überschüssigen Kohlenstoffs aufnehmen und speichern. Naturgestützte Lösungen werden jedoch keine oder nur eine sehr geringe Wirkung entfalten, wenn wir weiter auf dem derzeitigen Niveau Treibhausgase in die Atmosphäre ausstossen.

Auf der ganzen Welt sind die Wälder durch Klimawandel und masslose Abholzung stark bedroht. Die Botschaft der Wissenschaft ist klar: Um die schlimmsten Folgen der globalen Erderwärmung zu vermeiden, müssen wir unsere CO_2-Emissionen einschneidend begrenzen. Gleichzeitig müssen wir die noch vorhandenen Wälder schützen und versuchen, die bereits geschädigten Naturgebiete wiederherzustellen. Um dies erfolgreich zu gestalten, müssen wir die lokalen, sozialen und ökologischen Gegebenheiten verstehen und berücksichtigen.

Gemeinsam können rund um den Globus kleine, aber gezielte Massnahmen zum Schutz und zur Wiederherstellung lokaler Ökosysteme dazu beitragen, den Klimawandel zu begrenzen, die Biodiversität zu fördern und das Wohlergehen der Menschen zu verbessern.

Monika Gisler

Der Wald in der Schweiz. Eine Natur- und Kulturgeschichte vom Mittelalter bis ins 20. Jahrhundert

Der Wald stellt das wichtigste Landökosystem der Erde dar. Als der Mensch sesshaft wurde und zu einer landwirtschaftlichen Produktionsweise überging, machte er sich den Wald zunutze und griff in dessen Ökosystem ein: einerseits durch die Nutzung von Bäumen als Laubfutter, Energieträger oder Bauholz, der Wälder als Viehweide oder zur Jagd, andererseits durch Rodung zwecks Gewinnung von Siedlungs- und Ackerland. Der Wald war in der Folge ständiger Veränderung unterworfen. Drohte eine Übernutzung, wurden Regulierungen unterschiedlichster Art eingeleitet, etwa durch Aufforstung oder Gesetze. Die heutigen Wälder sind also das Ergebnis des Nutzungsspektrums früherer Jahrhunderte, wobei sie seit dem späten 19. Jahrhundert zunehmend auch Erholungs- und Vergnügungszwecken dienen. Dies rief schon früh Widerspruch von Naturschutzkreisen hervor, deren Vorstellungen eines ökologisch wertvollen Waldes dieser Anspruchshaltung zuwiderliefen.

Wem gehört der Wald?

Im Mittelalter und in der Frühen Neuzeit bis ca. 1800 war der Wald integraler Bestandteil des ländlichen Lebens und diente der Ressourcengewinnung ebenso wie als Weidefläche. Doch gehörte der Wald nicht denjenigen, die ihn bewirtschafteten. Die Forsthoheit lag im Frühmittelalter beim König, später bei den Grafen und im Spätmittelalter schliesslich bei einer grossen Zahl von weltlichen und geistlichen Obrigkeiten. Diesen sowie den grösseren Städten gelang es, die verschiedenen Herrschaftsrechte innerhalb eines Gebiets in einer Hand zu vereinigen und somit eine Landesherrschaft zu errichten. Die Forsthoheit berechtigte sie zum Erlass von Waldordnungen, welche die dörflich-bäuerliche Nutzung reglementierten. Der Übergang bisheriger dörflicher und ländlicher Nutzungsrechte in das Eigentum neuer Waldbesitzer um 1800, etwa an Ortsbürgergemeinden, Burgergemeinden oder Korporationen, schuf neue Voraussetzungen für die Waldnutzung. Bislang gemeinsam genutzte Wälder wurden zunehmend in private Hände gegeben.

Nutzungen

In den meisten Wäldern galten Waldweide, Waldfeldbau, Viehfutter- und Streuentnahme sowie die Gewinnung von hauswirtschaftlichen oder gewerblichen Produkten samt Holzverwertung und Jagd als gleichrangige Nutzungsarten. Zum einen diente der Wald als Weide: Bauern, Hirten, aber auch Mönche liessen im Wald ihr Vieh weiden, mähten Gras auf Waldlichtungen, schnitten Zweige von Bäumen oder streiften Laub von den Ästen, um sie später dem Vieh zu verabreichen (sogenannte Schneitelung). Begehrt waren Eicheln als Futter für die Schweine. Die Schweinehirten sammelten dazu in der Regel die auf dem Boden liegenden Eicheln ein oder schlugen sie mit langen Stöcken von den Bäumen. Daneben wurden im Wald Streu und Laub, Beeren, Nüsse, Pilze und Wildkräuter gesammelt. Der Wald wurde auch bereits kleingewerblich genutzt: Die Bauern hieben Jungbäume zu Stangen und Rebstecken, schnitten Gerten zum Garbenbinden und zur Korberei, sie köhlerten, harzten oder schälten Baumrinden zur Gerbung.

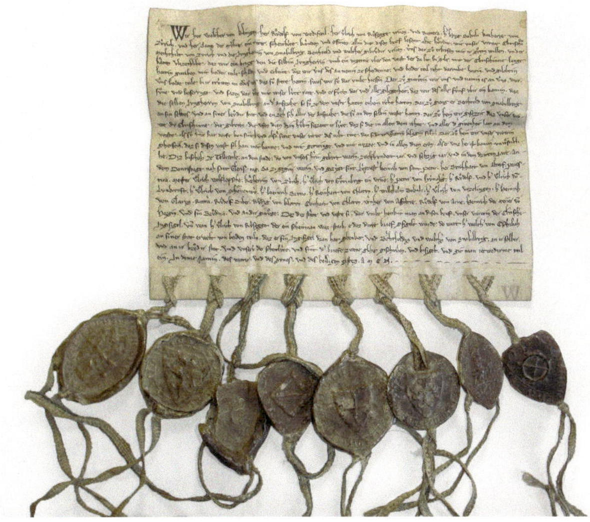

Waldhoheit

Urkunde von 1263, welche die Hoheit über den Sihlwald zwischen den Freien von Schnabelburg und der Fraumünsteräbtissin Mechtild von Wunnenberg regelt.

Urkunde, Stadtarchiv Zürich, Sign. I A 37.
Scan Digitalisierungszentrum Zentralbibliothek Zürich

Urbarmachung

Infolge der steigenden Bevölkerungszahl wurden die Wälder ab dem 16. Jahrhundert intensiver genutzt. Es galt, die landwirtschaftliche Produktionsfläche zu vergrössern, und der Bedarf an Brennholz stieg. Städtische Ämter, Ziegeleien, Schmiede, Kalk- oder Pechbrenner gehörten regional zu den grössten Verbrauchern von Brennholz und Holzkohle, aber auch Haushalte benötigten mehr Brennholz zum Kochen und Heizen; und die zahlreichen holzverarbeitenden Handwerksbetriebe verlangten nach Bau- und Gewerbeholz. All diese Faktoren führten zu einer verstärkten Waldrodung. Diese Urbarmachung war Teil der im Mittelalter einsetzenden Erschliessung neuer Siedlungsräume und landwirtschaftlicher Produktionsflächen. Man nimmt an, dass dieser Prozess in der Schweiz bereits im 7. oder 8. Jahrhundert einsetzte, sich dessen Auswirkungen im 12. und 13. Jahrhundert am stärksten manifestierten, um anschliessend wieder moderatere Formen anzunehmen.
Für die Rodungen standen der bäuerlichen Bevölkerung nur einfache technische Hilfsmittel zur Verfügung. Hauptwerkzeuge waren Axt und Gertel, zur Weiterverarbeitung des Stammes kam die Klobsäge zum Einsatz, die es erlaubte, sparsamere Schnitte zu setzen; die Feinarbeit erfolgte anschliessend mit der Waldsäge. Die Arbeit mit der Axt war dabei keineswegs ungefährlich, wie zeitgenössische Darstellungen dokumentieren.

Brandrodung

Vorangetrieben wurde der Rodungsprozess auch durch die Übernutzung des Waldes mit weidendem Vieh und durch das Abschälen der Baumrinde, wodurch die Nutzhölzer zum Verdorren und Absterben gebracht wurden. Rodete man für den privaten Gebrauch, sprach man von Plentern: Diese alte Form der Waldbewirtschaftung bestand in der Rodung einzelner Bäume, vor allem für den bäuerlichen Eigenbedarf. Das Plentern lieferte entsprechend nicht auf einen Schlag grosse einheitliche Holzmassen, sondern bedarfsorientierte Mengen. Wo ausschliesslich geplentert wurde, entstanden sogenannte Plenterwälder, in der Schweiz vor allem im Emmental und ab 1880 im Neuenburger Jura.
Eine weitere Möglichkeit zur Gewinnung von Nutzflächen war die Beseitigung von Wald und Gestrüpp durch Brandrodungen. Diese seit Jahrtausenden angewandte Technik diente meist der Vorbereitung für die landwirtschaftliche Produktion. Vor der Brandlegung wurde das jeweilige Waldstück rudimentär gerodet, danach das übrig gebliebene Holz und Gebüsch verbrannt. Die Asche diente als Dünger für den freigelegten Boden. Nach einigen Erntezyklen überliess man das Land zur Erholung wieder sich selbst. Brandrodungen erfolgten häufig im Rahmen der Subsistenzwirtschaft, im Feldbau oder zugunsten von Primärwaldflächen. Regional stand das Verfahren bereits ab dem 14. Jahrhundert unter Strafe, da es als nutzlose Vernichtung von Brennholz gewertet wurde. In waldreichen Regionen Europas wandte man es dagegen noch bis ins 19. Jahrhundert hinein an.

Der Wald als Viehweide

Da das Brachland knapp ist, lassen die Bauern ihre Nutztiere während Jahrhunderten auch in den Wäldern weiden.

Peter Birmann (1758–1844), Kühe und Schafe im Wald (in der Hard bei Basel), 1812, Bleistift, Feder, 65,8 × 95,6 cm. Kunstmuseum Basel – Birmann-Sammlung, © Kunstmuseum Basel – Jonas Hänggi

Eicheln als Schweinefutter

Im Mittelalter und der Frühen Neuzeit lassen Bauern und Mönche im Wald ihr Vieh weiden. Auf dieser Abbildung schlagen zwei Knechte im Wald mit Holzstöcken Eicheln von den Bäumen als Futter für die Schweine.

Detail einer Miniatur des Queen Mary Psalter, um 1310
akg-images, British Library

Waldschutz

Infolge dieser schädlichen Rodungstätigkeiten wurden erste Waldschutzmassnahmen erlassen. Die Obrigkeiten wollten dadurch weite Waldgebiete unter Kontrolle halten. Bereits im 16. Jahrhundert sprachen sie Nutzungsverbote für das Gebiet der gesamten heutigen Schweiz aus. Begründet wurden diese Nutzungsbeschränkungen mit dem schlechten Zustand der Wälder und Hölzer und dem drohenden Holzmangel. Dennoch war die gesamte frühneuzeitliche Forstwirtschaft darauf ausgerichtet, den im Zuge der Industrialisierung und des Städtewachstums gestiegenen Holzbedarf vollumfänglich zu bedienen. Ganze Bergwälder wurden dafür kahlgeschlagen. Ebenfalls im 16. Jahrhundert begann die Reglementierung der Plenterwirtschaft, die sich ungünstig auf die kommerzielle Waldnutzung auswirkte. Im 18. und 19. Jahrhundert wurde das Plentern in manchen Regionen ganz verboten. Es gilt heute jedoch als Form der Pflege, mit der sich der Wald nachhaltig nutzen lässt, da Waldstruktur und Waldklima erhalten bleiben.

Holz wird zu Kohle

Köhler verarbeiten Holz zu Holzkohle, die man zur Produktion von Eisen und Stahl benötigt. Ab dem 16. Jahrhundert führt die grosse Nachfrage nach Holzkohle zu massiver Abholzung und zu Holzknappheit in Teilen Europas.

[Codex granatensis]. De natura rerum, de Tomás de Cantimpré. De avibus nobilibus. Tacuinum sanitatis, de Ibn-Butlán, um 1400
Universidad de Granada, Biblioteca del Hospital Real

Transport

Das geschlagene und weiterverarbeitete Holz muss auch transportiert werden. Dafür spielen geografische Gegebenheiten eine wesentliche Rolle. Der Transport über grössere Distanzen war nur dort effizient und ökonomisch rentabel, wo ein geeignetes topografisches Gefälle zur Errichtung von Bahnen oder Rutschen, wo Wasserläufe zum Triften (also dem losen Treiben des Holzes) oder Gewässer zum Flössen zur Verfügung standen. Das geschlagene Holz konnte auf verschiedene Arten ins Tal oder in die Stadt befördert werden: mit dem Schlitten, als Flossholz im Bach oder via Seilbahn. Mit der Intensivierung der Handelsbeziehungen wurden Flösserei und Trift immer wichtiger, denn der Massentransport von Holz über Entfernungen, die mehr als einige Kilometer betrugen, lohnte sich früher fast nur auf dem Wasserweg. Brennholz

Flösserei

Wasserwege bleiben lange die lohnendste Möglichkeit, grosse Mengen von Holz über Distanzen von mehreren Kilometern zu transportieren. Dies ist jedoch nur während der Schneeschmelze möglich.

Foto: Pierre Odier, 1910, Turtmanntal VS, Mediathek Wallis, Martigny

in gewaltigen Mengen, das insbesondere in den Hütten und Salinen zum Einsatz kam, wurde am besten getriftet. Der Wasserweg war dabei die einfachste, wenn auch nicht die ungefährlichste Transportmethode. Das Flössen galt als eine der härtesten Arbeiten im Wald und war entsprechend gut bezahlt. Die wichtigsten «Flossstrassen» der Schweiz waren Aare, Rhein, Tessin, Rhone und Inn. Aber auch kleinere Flüsse, etwa die Sihl oder die Saane, kamen zum Triften und Flössen infrage.

Da die Flösserei nur zur Zeit der Schneeschmelze praktiziert werden konnte, kam den weiteren Transportmöglichkeiten eine entsprechend grosse Bedeutung zu. Im Winter erfolgte die Beförderung der Baumstämme hauptsächlich mit Pferd und Schlitten. Ketten hielten dabei die Stämme auf dem Vorschlitten fest, der mit oder ohne Bremsvorrichtung ausgestattet war. Pferd und Ladung konnten so (zu) schnell in Fahrt kommen. Die Bremswirkung wurde unter anderem durch das Anhängen von nachschleifenden Schleppästen oder -scheiten erzielt.

Forest transition

Im Laufe des 19. Jahrhunderts entwickelte sich die Holzproduktion zur wichtigsten Nutzungsart, während die übrigen Formen der Waldnutzung mancherorts an Bedeutung verloren oder aufgegeben wurden. Es begann ein Umdenken im Hinblick auf das Ökosystem Wald und die Forstwirtschaft. Häufige Überschwemmungen und Erdrutsche, Lawinen und Steinschlag erforderten Massnahmen, um dem Raubbau der Wälder Einhalt zu gebieten, eine Transition der Waldpflege und -nutzung setzte ein. In der Folge wurden auf Veranlassung von Behörden Wälder wieder aufgeforstet, Bachläufe korrigiert und Hänge gesichert. Forstverwaltungen verfolgten nicht mehr lediglich die Absicht, den Holzschlag zu überwachen, sondern auch das Wachstum des Waldes zu steuern. Verlichtete Stellen sollten vermehrt angesät oder bepflanzt werden. Ziel war eine eigenständige, von der Landwirtschaft unabhängige Forstorganisation, die sich besser auf holzwirtschaftliche Interessen ausrichten konnte. Zur Aussaat neuer Bäume wurden die unterschiedlichsten Instrumente entwickelt (Hacken, Pflanzenbohrer, Samenkorb sowie eigentliche Apparate zum Säen von Baumsamen). Zur Aussaat gehörte auch die Drainage, die Entwässerung.

Laub als Viehfutter

Jahrhundertelang wird Laub dem Vieh verfüttert. In höheren Lagen bleibt diese Art des Viehfutters für viele Bauern im Winter bis ins 20. Jahrhundert hinein unentbehrlich.

Ernest Biéler (1863–1948), *Laubsammlerin,* o. D. [um 1909], Gouache, Aquarell und Bleistift auf Papier, 47 × 57,9 cm.

Foto: Michel Martinez, Sion

Neue Forstordnungen

Dieses Umdenken wurde durch neue Forstordnungen eingeleitet. 1876 erliess die Schweiz das erste Eidgenössische Waldgesetz, nachdem bereits ab Mitte des 19. Jahrhunderts kantonale Schutzverordnungen verfügt worden waren. Das nationale Gesetz schrieb vor, dass Wälder nicht länger kahlzuschlagen, sondern lediglich zu nutzen seien. Der revolutionäre Ansatz des Gesetzes ist in seinem Grundsatz der Nachhaltigkeit zu suchen: in der Erkenntnis, dass jede Generation Anrecht auf die gleichen Ertragsmöglichkeiten hat, dass immer nur die Zinsen – das nachwachsende Holz – genutzt werden dürfen, dass das Kapital – der Holzvorrat – aber unangetastet bleiben soll. Die Waldfläche konnte in der Schweiz seither entsprechend vergrössert werden. Einst kahle Berge sind heute wieder bewaldet, Gebirgstäler wieder bewohnbar, weil der Wald sie schützt. Naturkatastrophen sind dank dem höheren Bewaldungsanteil und dank Waldpflege anstelle von Raubbau und Kahlschlag stark zurückgegangen. Grössere Flächen wurden lediglich während des Zweiten Weltkriegs im Rahmen der «Anbauschlacht» gerodet.

Waldbestand

Das 20. Jahrhundert schliesslich war geprägt von einer Mechanisierung und Motorisierung der Waldwirtschaft, zugleich stieg das Umweltbewusstsein, wobei das eine das andere nicht zwingend ausschliesst.
Darüber hinaus begünstigte der Rückgang der extensiv bewirtschafteten Landwirtschaftsfläche ab den 1970er Jahren wieder ausgedehntere Waldflächen. Entsprechend konnte sich der Waldbestand in der Schweiz nicht nur halten,

Waldsterben

1976 ruft der bekannte Schweizer Maler und Plakatkünstler Hans Erni mit diesem für den WWF gestalteten Plakat zur Rettung des Waldes auf. In den 1980er Jahren ist die Furcht vor dem Waldsterben weitverbreitet.

rettet den Wald, 1983, Gestaltung: Hans Erni; Druck: Graphische Anstalt J. E. Wolfensberger AG, Zürich. Zürcher Hochschule der Künste, Museum für Gestaltung Zürich, Plakatsammlung

er wuchs sogar um mehr als 40 Prozent, sodass heute über 30 Prozent der Fläche bewaldet sind. Daran änderte auch das sogenannte Waldsterben Anfang der 1980er Jahre nichts: Ende der 1970er Jahre hatten Forstwissenschaftler erstmals vor einem möglichen Sterben der Wälder gewarnt, sollten nicht umgehend Massnahmen dagegen ergriffen werden. Sie verknüpften das Thema mit Schadstoffbelastungen und saurem Regen. Unter dem Leitspruch «Erst stirbt der Wald, dann stirbt der Mensch» gingen Anfang der 1980er Jahre europaweit Zehntausende auf die Strasse. Wenige Jahre später erwiesen sich die Befürchtungen allerdings als übertrieben. Tatsächlich kamen viele Bäume besser mit einem sauren Bodenmilieu zurecht als erwartet. Verbreitete Schäden liessen sich zudem dank rasch in die Wege geleiteter Schutzmassnahmen abwenden; vor allem die Belastung durch Schwefeldioxid wurde erfolgreich zurückgedrängt. Die Massnahmen verbesserten die Luftqualität deutlich und verhinderten so ein Waldsterben im grossen Stil. In diesen Jahren entschied der Bundesrat ferner, dass Zustand und Veränderungen des Schweizer Waldes im Rahmen eines Landesforstinventars regelmässig zu erheben seien.

Umsichtige Waldbewirtschaftung

Fortan diente der Wald vor allem als Erholungsraum, zum Schutz vor Naturgefahren und zur Holzversorgung. In den 1980er Jahren kam es insofern zu einer Trendwende, als die Holzproduktion ihren Status als «Schatzkammer der Gemeinde» verlor und defizitär wurde. Im Zuge der Energietransition erlebt die Ressource Holz jedoch eine Renaissance, stärker als in den Jahrzehnten zuvor wird ihr Gebrauch nun – auch von staatlicher Seite her – forciert.

Der damit zwingend einhergehende Naturschutz und die geforderte Erhaltung der Biodiversität geniessen in jüngster Zeit nicht nur bei den Forstbehörden, sondern auch in Politik und Gesellschaft einen höheren Stellenwert. Neben der flächendeckenden naturnahen Waldpflege stellen deshalb die gezielte Förderung einzelner bedrohter Tier- und Pflanzenarten sowie Waldreservate wichtige Faktoren des Naturschutzes im Wald dar. Eine immer umsichtigere Waldbewirtschaftung (die auch gesetzlich eingefordert wird) garantiert Artenvielfalt und nachhaltige Entwicklung.

Die Umweltbewegungen des späten 19. und die Freizeitgesellschaft des 20. Jahrhunderts haben den Wald dann zu dem gemacht, was er heute ist: ein System zur Eindämmung des ökologischen Kollapses und ein Freiraum für Erholung und Sport. Wichtigstes Credo dabei ist, Übernutzung und Raubbau wie in vergangenen Jahrhunderten zu verhindern. Im Sinne der «Waldgesinnung» der ersten Jahrzehnte des 20. Jahrhunderts geht es auch heute noch darum, den Wald zu nutzen, zu erhalten und zu pflegen.

Forstschule

Die Forstschule gehört zu den ersten Einrichtungen des 1855 gegründeten Eidgenössischen Polytechnikums, der späteren ETH Zürich. Ziel ist die Ausbildung von Fachleuten zum Schutz der Wälder, die bis Ende des 18. Jahrhunderts ausgebeutet wurden.

Forstschule 1866, wohl Studienabgänger und Professoren.
Bildarchiv Knuchel-ETH, 1892–1952

Alexandre Calame (1810–1864), *Wettertannen auf Handeck,*
1851–1855, Öl auf Papier auf Leinwand, 70 × 53 cm.
Bündner Kunstmuseum Chur

Stephan Kunz

Bilder des Waldes

Mächtig stehen sie da, die beiden *Wettertannen auf Handeck* von Alexandre Calame (1810–1864) und erzählen von dem, was sie alles schon erlebt und durchgemacht haben: im Sommer, im Herbst, im Winter und auch im Frühling, wenn sie sich endlich von der drückenden Schneelast befreien konnten. Der Witterung widersetzen sie sich und zahlen ihr dennoch Jahr für Jahr ihren Tribut. Die beiden Bäume, die noch keinen Wald machen, erzählen aber auch von den Malern, die immer wieder auf die Handeck kamen, um hier die Schweiz in Reinkultur zu erleben, so, wie man sie am liebsten sieht: Berge, Wälder, Bäche, Wolken, mal bei schönem Wetter, mal alles wild-romantisch aufgepeitscht. Ja, so sieht sich die Schweiz um 1848. Und dieses Bild will man auch den Touristen vermitteln, um sie an die schönen Orte in freier Wildbahn zu locken. Das funktioniert bis heute, wenn es auch nicht mehr die Maler sind, sondern die Biker und die Wanderlustigen, die in der Grimselwelt ein Stück Freiheit erfahren.

Die beiden Wettertannen erzählen Ideengeschichte und sie erzählen Kunstgeschichte, denn es ist noch nicht lange her, dass sie bildwürdig geworden sind und sich als dominierende Elemente in einem Landschaftsbild behaupten können. Vielleicht 50, vielleicht 80 Jahre sind vergangen, seit die Maler in Europa begonnen haben, sich neue Felder zu erschliessen und im Bild der Landschaft ein Thema entdeckt haben, das ganz ohne figurative Staffage auskommt, aber nicht ohne inhaltliche Begründung und Motivation. So versteht sich, dass in der Landschaft Sehnsuchtsorte gefunden wurden, die sich vom täglichen Leben unterscheiden. Die Gegenden jenseits der Städte wollten entdeckt, bereist und auch erforscht werden. Wenn ein Maler wie Caspar Wolf (1735–1783) wissenschaftliche Exkursionen begleitete, wollte er nicht nur zu Bilde bringen, was sich vor seinen Augen präsentierte (das war er seinen Auftraggebern schuldig), sondern vor allem auch seiner Faszination angesichts der Bergwelt Ausdruck verleihen und durchaus demütig und ehrfürchtig der Erhabenheit ein Bild geben. Wenn seine Künstlerkollegen im nördlichen Europa bei niederem Horizont die Wolken studierten, skizzierten und schliesslich in eigenständigen Gemälden zeigten, huldigten sie ebenso einem atmosphärischen Bild, dessen Formationen die Wissenschaft der Zeit bei aller Flüchtigkeit des Phänomens nicht weniger faszinierte als die Tektonik der Alpen.

Und was ist mit den Bäumen und dem Wald? Der gleiche Caspar Wolf war es, der gelernt hatte, den Elementen, die lange das Naturbild bestimmten, pittoreske Anmut zu verleihen. Felsen, Grotten, Bäume, Hütten, Schlösser: Alles liess sich sammeln und wunderbar zusammenfügen. Doch wenn man sich der Natur aussetzt und vermehrt im Freien malt, zeigt sich ein anderes Bild. Auch bei Calame sehen wir Felsen, Bäume und Wolken in eiligem Flug – durchaus glaubhaft in der Art, wie die Kräfte zusammenspielen. Das gilt auch für Caspar David Friedrich (1774–1840), der wie kein anderer das Bild der deutschen Landschaft geprägt hat und mit ihr das Bild des Waldes und der Bäume. Bei Friedrich aber wird die Landschaft zur Bühne. Die Felder mit ihren einzeln oder in Gruppen stehenden Bäumen (es müssen nicht immer Eichen sein), die unendliche Weite oder die Sicht von hoch oben über das Nebelmeer sind nicht weniger theatralisch als der Blick durch die Bäume auf den Mond. Die Wälder erinnern uns an das Innere einer gotischen Kirche, und unter knorrigen Strünken liegt ein Hünengrab. Hier herrscht heilige Ruhe. Hier hat die Waldeinsamkeit ihren Ursprung. Und wenn sich ein Jäger im Dickicht des Waldes verirrt, wird er (und wir mit ihm) gewahr, wie klein im grossen Universum der Mensch doch letztlich immer ist und bleibt.

Die Bilder des Waldes von Robert Zünd (1827–1909) sind dagegen geradezu prosaisch. In kaum zu überbietendem Realismus (man denke an die Pionierzeit der Fotografie) erschuf er seinen *Eichwald* und lässt uns eintauchen ins satte Grün. Dieses erstreckt sich über den Waldboden und findet im Blattwerk der Bäume nahtlos seine Fortsetzung. Es nimmt den ganzen Bildraum ein und erstreckt sich in alle Richtungen über die Ränder hinaus. Zünd zeigt den Wald, wie er ist und wie wir ihn uns vorstellen und wünschen. Er bildet damit den Auftakt einer künstlerischen Auseinandersetzung, die in den monumentalen *Jahreszeiten* von Franz Gertsch (*1930) einen fulminanten Höhepunkt findet. Von Zünd aus lassen sich auch Bögen spannen zu den Malern der École de Barbizon, die mit ihrer Aufmerksamkeit für unspektakuläre Momente am Wegrand oder in Waldlichtungen atmosphärische Licht- und

Schattenbilder schaffen und damit zu Wegbereitern des Impressionismus werden. Es wäre letztlich durchaus auch reizvoll, neben Zünds *Eichwald* ein *Drip painting* von Jackson Pollock (1912–1956) zu zeigen, um die Intention des All-over zu unterstreichen und die Emotionalität im Dickicht des Bildes aufgehen zu lassen.
Noch bleibt aber die Ordnung bestimmend, die wir im romantischen Bild des Waldes gefunden haben und die sich als Idee bis in den Symbolismus des späten 19. Jahrhunderts hält. Etwa in den Gemälden von Ferdinand Hodler (1853–1918), dessen berühmtes Bild *Der Buchenwald* den Beginn seiner künstlerischen Weltanschauung des Parallelismus markiert: Alles hat seinen Platz auf dieser Welt und alles widerspiegelt eine höhere Gesetzmässigkeit. Auch der Wald mit seinen aufrecht in den Himmel ragenden Bäumen. Erst das Subjekt des Expressionismus zu Beginn des 20. Jahrhunderts verliert sich im Waldinnern. Es waren lange die Waldseen bei Moritzburg oder auf der Ostseeinsel Fehmarn, wohin die Künstler der Brücke aus Dresden und Berlin flüchteten, um das Paradies zu finden und nackte Badende zu zeichnen und zu malen, die hier ein ursprüngliches Dasein offenbarten. Aber schon bald wurde die Landschaft aufgepeitschter. Eine Zeitenwende bahnte sich an, die im nervösen Pinselstrich von struppiger Vegetation und sich aufbäumenden Wolken ihren bildhaften Ausdruck fand.
Nach der Katastrophe des Ersten Weltkriegs und einem psychischen Zusammenbruch zog sich Ernst Ludwig Kirchner (1880–1938) nach Davos zurück, an den Ort am Fusse des Zauberberges, wo so viele Heilung von manchen Gebresten suchten. Er malte Berge und er malte Bäume und Wälder. Und er malte Bilder von Bauern, die hier einfach und vermeintlich in Eintracht mit der Natur lebten. Kirchner fand zu einer neuen Farbigkeit und zeigte sich neuen Motiven und anderen Ausdrucksweisen gegenüber offen. Bilder des Waldes aber blieben: gemalt, gezeichnet und auch als Holzschnitt. Wir finden sie bei ihm vor allem in den frühen Davoser Jahren, aber auch später, bis zu seinem Freitod 1938. Es sind oft nahansichtige Waldpartien, welche die elementaren Kräfte der Natur in expressiven Farben, dynamischen Bewegungen und kantigen Linien offenbaren. Die gesehene und die erlebte Landschaft durchdringen sich. Wir sehen das Innenbild des Aussenbildes. Waldwege führen wie Lebenswege über Stock und Stein und zwischen Bäumen hindurch, von denen jeder in seinem Wuchs ein Eigenleben hat. Kirchner gelingt es dabei immer wieder, die Elemente teppichartig zu verweben und den Wald damit zu einem Gleichnis für das Bild werden zu lassen. Auch von hier aus öffnen sich Wege in den abstrakten Expressionismus, der sich mindestens in Europa nicht selten dieselben Metaphern zu eigen machte.
Der Wald verheisst immer auch eine Welt jenseits der sichtbaren Wirklichkeit. Er führt in dunkle Zonen, ins Geheimnisvolle und auch ins Unheimliche. Kein Wunder haben sich die Surrealisten dieses Bild zunutze gemacht, allen voran Max Ernst (1891–1976). Seine nächtlichen Waldlandschaften bleiben undurchdringlich, auch wenn der Mond hell leuchtend darüber wacht. Dieser Wald bleibt unerforscht, hermetisch wie eine Burg. Aber er öffnet sich der Fantasie. Und diese wird immer wieder von Neuem angeregt: einerseits durch den Wald als Projektionsort und andererseits durch die experimentelle Malweise, die zu lebendigen Strukturen führt und im Bild des Waldes unerwartete Bilder generiert. Ernst ist auch bekannt für seine Frottagen, die er im Buch *Histoire naturelle* versammelte. Dass dabei die Maserung des Holzes ein ganzes Universum hervorbringen kann, zeigt, wie viel Potenzial im Wald liegt.
Die Vorstellung des naturbelassenen Waldes lässt sich spätestens seit Mitte des 20. Jahrhunderts nicht mehr halten. Das Spiel mit dem Klischee hat die Pop Art und die Folgen geprägt. Die Bemühungen um einen ökologischen Umgang mit den Ressourcen haben dagegen ganz andere Bilder hervorgebracht. Von «Stadtverwaldung statt Stadtverwaltung» spricht Joseph Beuys (1921–1986) in seinem Langzeitprojekt *7000 Eichen*, das er 1982 im Rahmen der *documenta* in Kassel als soziale Plastik initiierte. Einige wenige zeitgenössische Künstlerinnen und Künstler brechen aus der scheinbar alternativlosen Polarisierung von umweltschützerischen Missionen und dystopischen Visionen aus und wagen die Synthese. Zu ihnen gehören Gerda Steiner & Jörg Lenzlinger (*1967/1964), die in ihrem *Nationalpark* in Chur vorgeführt haben, dass wir Wald heute als ein grosses Ganzes erleben können. Der Wald ist von vielerlei Einflüssen geprägt, zu denen auch der Mensch mit seinen Ansprüchen und Vorstellungen gehört. Mit der Idee des Nationalparks, wie sie im 19. Jahrhundert entwickelt wurde, hat das wenig zu tun, mit uns als aktiven Bewunderern und Nutzniessern dieser Ressorts hingegen sehr viel.

Ausgewählte Werke der Ausstellung

Idealisierte Wildnis

Die entwurzelten Tannen sind Symbol für die Urgewalten der Natur und ihre ungebändigten Kräfte. Caspar Wolf komponierte diesen urwüchsigen Wald im Atelier in theatralischer Manier.

Caspar Wolf (1735–1783), Romantische Waldlandschaft mit drei Figuren, die eine Felszunge besteigen, 1769, Öl auf Leinwand, 63 × 53,5 cm. Aargauer Kunsthaus Aarau, Depositum der Koch-Berner-Stiftung, Foto: Jörg Müller

Im Innern des Waldes

Zeitgleich mit den Landschaftsmalern der französischen Schule von Barbizon verlässt auch Robert Zünd das Atelier, um «plein air» – im Freien – zu skizzieren. Kaum ein anderer Schweizer Künstler porträtiert jeden einzelnen Baum mit solch grosser Akribie.

Robert Zünd (1827–1909), *Eichwald,* 1859, Öl auf Leinwand, 77,7 × 104,2 cm. Kunstmuseum Luzern, Depositum der Stiftung BEST Art Collection Luzern, vormals Bernhard Eglin-Stiftung, Inv.-Nr. M 87x, © Kunstmuseum Luzern, Foto: Roberto Pellegrini

Parallelismus

Im Wald sieht Ferdinand Hodler zahlreiche vertikale Parallelen, die Baumstämme. Mit dem Begriff «Parallelismus» umschreibt er seinen Eindruck, dass die Natur von Symmetrien geprägt sei.

Ferdinand Hodler (1853–1918), *Der Spaziergänger am Waldrand,* um 1885, Öl auf Leinwand, 56 × 71 cm.
Stiftung für Kunst, Kultur und Geschichte, Winterthur, Inv.-Nr. 462, © SKKG, 2020

Der Holzfäller

Ferdinand Hodlers Holzfäller *ist Symbol für Stärke und Widerstandskraft. Dieser heroische Mensch, der die Natur bezwingt, steht am Ende in kahler Landschaft. Zur grössten Bedrohung ist er sich selbst geworden.*

Ferdinand Hodler (1853–1918), *Der Holzfäller*, 1910,
Öl auf Leinwand, 129,5 × 100 cm.
Kunstsammlung der Schweizerischen Mobiliar Genossenschaft

Ort der Naturerfahrung

Im Wald, als Ort der ekstatischen Naturerfahrung, kann Ernst Ludwig Kirchner seine innere Unruhe überwinden. In Farbholzschnitten und in Gemälden verwendet er leuchtende, kontrastreiche Farben und setzt auf reduzierte Flächen.

Ernst Ludwig Kirchner (1880–1938), *Akt in Orange und Gelb*, 1929–1930, Öl auf Leinwand, 91 × 71 cm.
Kirchner Museum Davos, Schenkung Nachlass Ernst Ludwig Kirchner 1990

Rettet den Wald

Der Aktionskünstler Joseph Beuys ruft 1972 mit 50 Kunststudentinnen und -studenten wie Anselm Kiefer zur Rettung der Wälder auf. 1982 lässt er in der Stadt Kassel 7000 Eichen pflanzen. Nach Beuys' «erweitertem Kunstbegriff» soll Kunst die Welt verändern.

Joseph Beuys (1921–1986), *Rettet den Wald,* 1972, Offset-Print, 50 × 49,5 cm, Ed. 200.
Privatsammlung, Foto: Serge Hasenböhler, © 2021, ProLitteris, Zurich

Magie der Bäume

1998 umhüllen Christo und Jeanne-Claude 178 Bäume im Rahmen der Ausstellung Magic of Trees *in der Fondation Beyeler in Riehen. Nach dem Erfolg der Ausstellung gründet Ernst Beyeler 2002 die Stiftung Kunst für den Tropenwald, die substanzielle Beiträge an den Bruno Manser-Fonds und Greenpeace ausrichtet.*

Christo (1935–2020), *Wrapped Trees, (project for the Fondation Beyeler, Riehen, Switzerland) [Wrapped Trees (Projekt für die Fondation Beyeler, Riehen, Schweiz)],* Zeichnung 1997, Bleistift, Kohle, Pastell, Wachsstift und Stoff, 106,6 × 244 cm.
Privatsammlung, Foto: Wolfgang Volz, © Christo and Jeanne-Claude Foundation, 2021, ProLitteris, Zürich

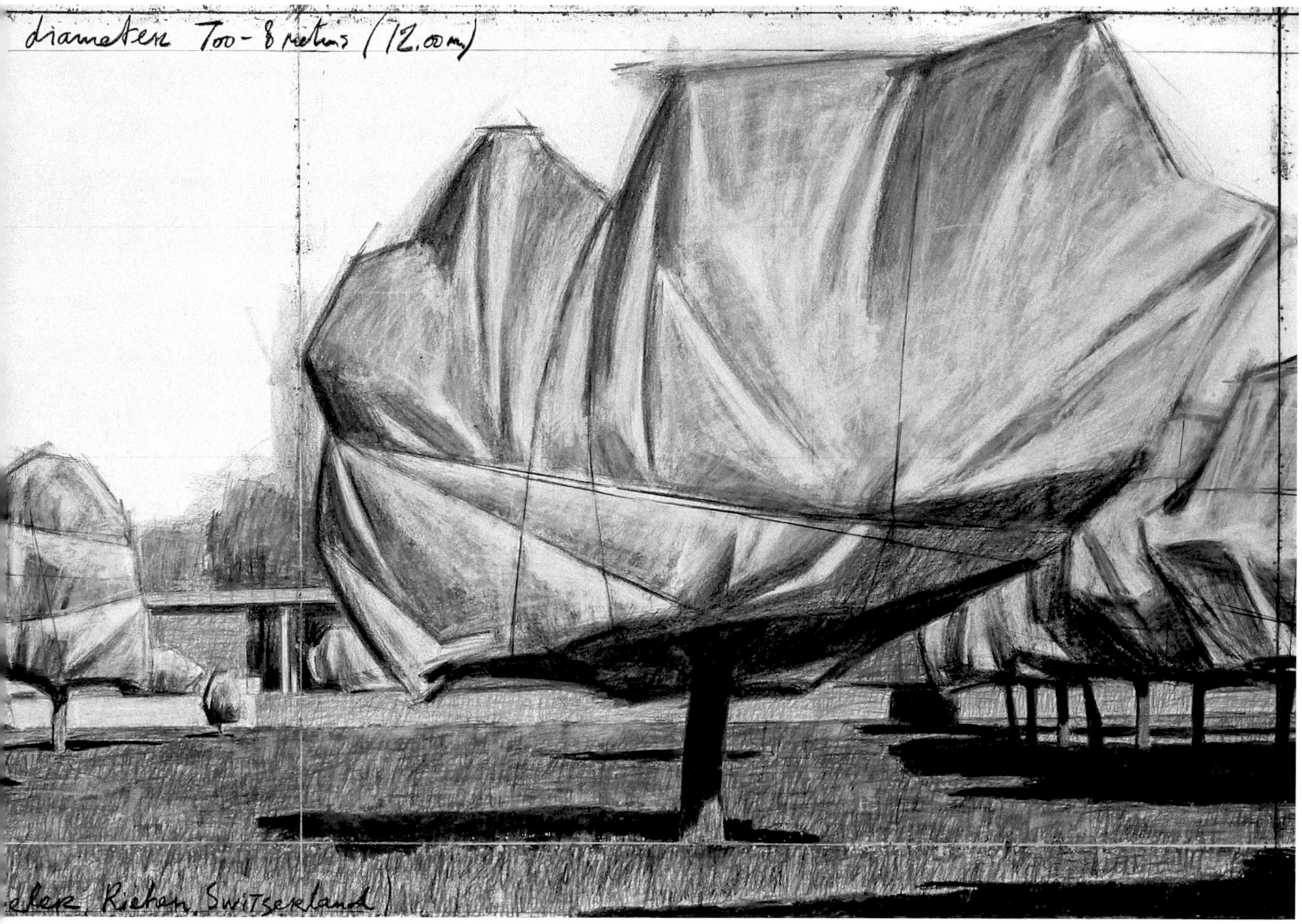

→ nächste Doppelseite

Wald als Projektionsfläche

Franz Gertschs Waldweg *weist über den Bildraum hinaus und zeigt die vermeintliche Unversehrtheit der Natur. Nähert man sich seinem Werk, löst sich die Szenerie in abstraktem Farbflimmern auf. Unser verklärter Blick wird entlarvt.*

Franz Gertsch (*1930), *Waldweg (Campiglia Marittima)*, 2013/14, Eitempera auf ungrundierter Baumwolle, 240 × 340 cm. Besitz des Künstlers, Foto: Dominique Uldry, Bern

Abholzung, Monokultur und Sklaverei
in Helvécia, Brasilien

Die Videoinstallation erforscht die ehemalige Kaffee-Plantage Helvécia in Brasilien, die einst von Schweizern durch Sklavenarbeit betrieben wurde. Heute ist es ein Quilombo-Dorf, umgeben von Eucalyptus-Plantagen. Die Künstlerin verweist auf den Zusammenhang von Abholzung, Waldnutzung und Sklavenarbeit.

Denise Bertschi, *Helvécia, Brazil,* 2017-2022, Videoinstallation und Analogfotografien.
Besitz der Künstlerin

Wald als Konstrukt

Die Künstlerin Shirana Shahbazi hinterfragt die fotografische Wirklichkeitswiedergabe und entlarvt gleichsam unsere Konstruktion der Natur.

Shirana Shahbazi, *Wald*, 2021, handkolorierter Silbergelatineabzug

Fünf nach Zwölf?
Ugo Rondinones Skulptur nach dem Vorbild eines 2000 Jahre alten Olivenbaums in Süditalien wirkt als Menetekel für den Klimawandel. Zart, märchenhaft steht er da, aber auch nackt und leblos. Der ökologische Fussabdruck der Menschheit wird immer grösser.

Ugo Rondinone, *wisdom? peace? blank? all of this?*, 2007, Aluminiumguss, weiss lackiert, 471 × 403 × 360 cm.
Sammlung Maja Hoffmann / Luma Foundation, Foto: Enzo Velo

Als ob die Welt zu vermessen wäre

In der Vorstellung der Indigenen im Amazonasbecken leben im Baum «Ceibo» die Geister des Waldes. «Gemene», wie er in der Sprache der Waorani heisst, ist der grösste Baum des tropischen Regenwaldes. Der Legende nach spielte er eine zentrale Rolle bei der Erschaffung der Erde.

Guido Baselgia (*1953), *Tierra caliente – Gemenewenanka I–III,* 2018, Triptychon, Grossformatdruck auf Leinwand, je 307 × 235 cm, Unikat.

Klaus Littmann, *Arena für einen Baum / Arena for a Tree*,
Kunstintervention 2021, Basel.
Foto: Gerhard Maurer

Isabel Zürcher

Arena für einen Baum

Als eine Sintflut die Welt zunichtemachen wollte, baute einer ein Schiff. Alle damals bekannten Landtiere sollten darin Unterschlupf finden. Die Nachbarn lachten, doch das Schiff trotzte den Unwettern, und als die Gewässer sich zurückgezogen hatten, konnte die Überlebenskapsel paarweise Löwen, Giraffen, Insekten ihrem Neuland überlassen. Weit hergeholt scheint die alttestamentarische Erzählung im Hof des Schweizerischen Landesmuseums, und doch gibt's zur Arche Noah Parallelen, wenn die *Arena für einen Baum* hier vorübergehend ankert: Ein hölzernes Gehäuse nimmt den Baum in Schutz wie das Schiff damals die Tiere. Die umlaufende Tribüne ist Jahrringen nachempfunden, die im Inneren jedes Baumstamms die Dynamik seines Wachstums archivieren. Auch die äussere Kontur weicht ab vom kreisrunden Modell – für ihren ein- und auskragenden Wellengang hat das Bild einer Baumrinde Pate gestanden. Der Baum wirkt verletzlicher in seinem überdimensionierten Korb als in freier Natur – ein Keimling, der sich aus der Mitte des durchlässigen Behälters himmelwärts reckt. Wäre dieser Protagonist aufgefallen unter seinesgleichen im Park, am Waldrand, entlang einer Böschung? Oder brauchen wir seine Isolation, um den Baum in unsere Mitte zu nehmen, zu bestaunen im profanen Andachtsraum?

Arena für einen Baum – der Name ist Programm. Aufmerksamkeit, Pflege und Sorgfaltspflicht gehören dem Baum, hier dem persischen Eisenholzbaum. Nicht zufällig ist die offene Frage nach dem Verhältnis zwischen Natur und Kunst in einem Raumkonzept angesiedelt, das bis in die Anfänge der abendländischen Kultur zurückreicht: Ursprünglich Ort des Kampfs, dann des Theaters, richtet die Arena als Schauplatz alle Blicke gleichberechtigt auf das zentrale Geschehen aus – mit Konsequenzen für den Baum in diesem Fall. Eine Rundbank um den Stamm alter Linden offeriert an Weggabelungen und an Aussichtspunkten Schatten und Fernsicht. Im Gegenzug dazu setzt die Kontemplation in der Arena nicht auf Anlehnung. Unauffällig fast umschmeichelt diesen Perspektivenwechsel eine aktuelle Pointe: Wenn uns Bäume – belastet von Hitze, Trockenheit, Schädlingen – ihren Rückhalt entziehen, wird auch der Blick auf Wald und Horizont, auf Heimat im weitesten Sinn sich verändern.

Urheber und Initiator der *Arena für einen Baum* ist Klaus Littmann. Lange hatte der Basler Künstler und Kulturtäter eine Zeichnung des Österreicher Künstlers Max Peintner gleichsam mit sich herumgetragen: Leichthändig pflanzte dieser 1970/71 einen Wald vor städtischer Skyline in eine Fussballarena. Fast 50 Jahre später sollte die Bleistiftvision Wirklichkeit werden. Knapp 300 ausgewachsene Bäume verdrängten im Klagenfurter Wörthersee-Stadion 2019 über Wochen den temporeichen Mannschaftssport. Wind und Wetter ausgesetzt, boten sie jeder aufgeregten Parteinahme Einhalt, stifteten imlangsamen Stimmungswechsel Ansichten voller Ruhe. Das Bild des temporären Reservats ging um die Welt. Vor Ort entfaltete das Waldfragment vor ungewohnter Kulisse seinen ganzen Zauber.

Täglich fast impfen uns seriöse Medien mit dem Bewusstsein für die Dringlichkeit von Massnahmen zum Schutz von Grün in der Stadt und vom Tropenwald in der südlichen Hemisphäre. Dieser Umstand allein könnte aus Littmanns *Arche* einen Appell werden lassen. Doch so wenig, wie ihr Macher in Klagenfurt mit dem Wald gegen Fussball opponierte, so wenig spricht ein Baum für sich nur von globalen Temperaturen. Als Individuum, als Sinnbild von Verwurzelung und Beweglichkeit, als Herberge für Insekten und als Rohstoffspender – kurzum: als vitale Skulptur – zeichnet er täglich Kulturgeschichte und bleibt dabei Botschafter auch künftigen Lebens.

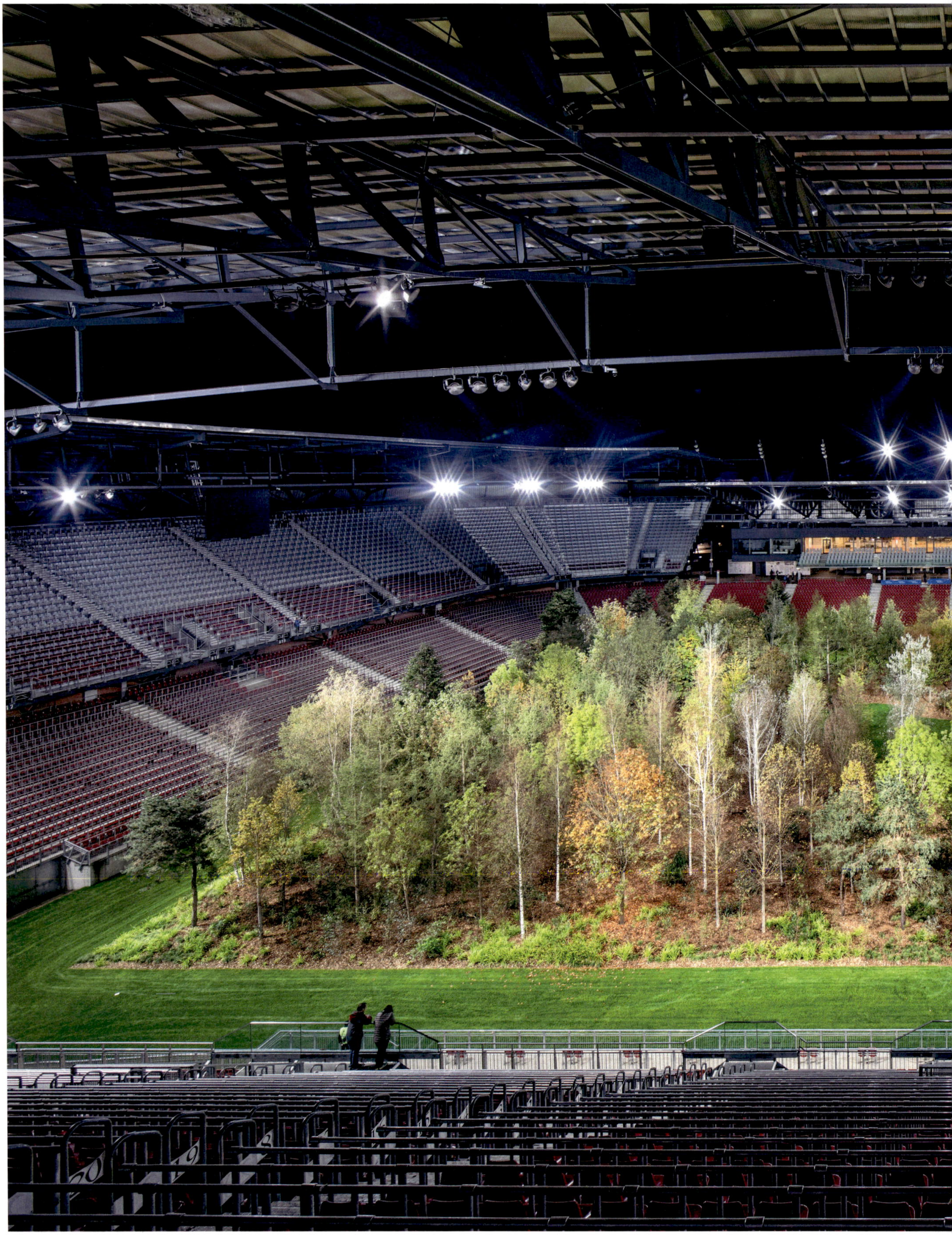

Klaus Littmann, *For Forest – Die ungebrochene Anziehungskraft der Natur,*
Kunstintervention 2019, Wörthersee Stadion Klagenfurt.
Foto: Gerhard Maurer, Courtesy of the KBH.G Cultural Foundation

Stefan Zweifel

Gegenwelt und Gegenwort. Jean-Jacques Rousseau und die Geburt der Romantik aus dem Geist des Schweizer Waldes

«Die Rede über Bäume spiegelt in der Regel besonders deutlich das grundsätzliche Problem der Benennung von Welt. Der Baum mit seinem wogenden Laub bleibt stets ein Geheimnis, er bleibt das Unerkennbare und Unbeschreibliche, der Gegenstand, an dem die Sprache scheitert.»
Marion Poschmann, 2021

«Ich sage: eine Blume! und schon erhebt sich fern des Vergessens, in das meine Stimme jeglichen Umriss verbannt, und so ganz anders als die bekannten Kelche, auf musikalische Weise, ideenhaft und zartsinnig, die Abwesende aller Sträusse.»
Stéphane Mallarmé, 1886

Gegen klimaneutrale Literatur

In einer Zeit der globalen Re-Instrumentalisierung der Literatur, deren historische Hauptwerke bereits gemäss den ideologischen Imperativen unserer Gegenwart umgeschrieben oder aus dem Kanon entfernt werden, fällt die Forderung, dass Bücher das Bewusstsein für die Umwelt zu bilden haben, auf fruchtbaren Boden. Romane über Gartenidyllen in Zeiten der Pandemie grassieren, fast möchte man sagen, wie Unkraut. Alte Werke wie Jean Gionos berührende Erzählung *Der Mann, der Bäume pflanzte* werden wieder aufgelegt und Bestsellerautoren wie Frank Schätzing scharen sich hinter Titel wie *Was, wenn wir einfach die Welt retten? Handeln in der Klimakrise* – hinter all dem zeichnet sich die Forderung nach einer gleichsam klimaneutralen Literatur ab.

Doch die Literatur hat nicht die Wälder zu schützen, sondern sich selbst: Die poetische Sprache, die sich dem normalen Sprachgebrauch entzieht, der die Wörter als Instrumente und Informationsträger behandelt, ohne ihren Eigensinn und Eigenklang zu beachten, wird unter dem Diktat unmittelbarer gesellschaftspolitischer Nützlichkeit der Literatur immer mehr marginalisiert, weil nur noch die Botschaft, nicht das einzelne Wort zählt. In diesem Sinn könnte man etwas radikal formulieren: Wahre Literatur schützt nicht den Wald, sondern den einzelnen Baum.

Urszene: Der Wald als Schreibstube

1776 streifte eine rätselhafte Gestalt mit einer Armeniermütze vor den Stadttoren von Paris einsam durch die Wiesen und Wälder. In seiner Tasche trug der bemützte Mann allerlei Blumen, die er in sein Herbarium legen wollte, aber auch einen Stift und Spielkarten, auf deren Rücken er die Blütenlese all jener Gedanken notierte, die ihm der Zufall zutrug. Niemand erkannte ihn, Jean-Jacques Rousseau, obwohl doch seine Schriften bald schon die Französische Revolution befeuern sollten. Mit seinem Ruf «Zurück

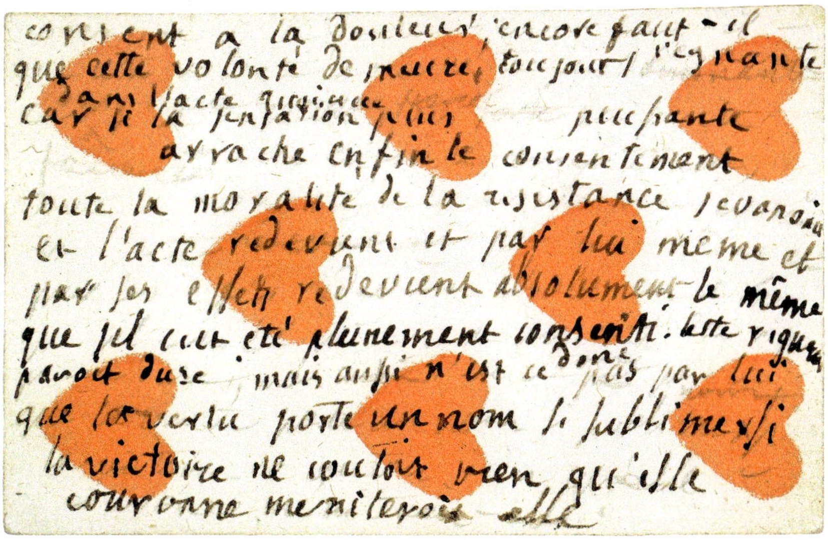

Spielkarten von Jean-Jacques Rousseau.
Bibliothèque de Neuchâtel, BPU MsR 49

zur Natur» wurde Rousseau zum Vorläufer der Romantik, zum Vordenker der Hippies und zum Souffleur unserer Gegenwart.
Frei schweifte er 1776 also vor den Stadttoren von Paris durch die Natur, fast schon ein Vagabund. Dabei hatte ihm der französische König einst eine Kutsche geschickt und den roten Teppich ausgefahren, um ihn am Hof zu empfangen. Doch der kauzige Kerl hatte die Flucht ergriffen, den Verschlag zur Kutsche zugeschlagen und den Weg ins Weite gesucht – in die Freiheit, in die Wälder, in jene Gegenwelt, die ihm, wie er einmal notierte, «zur Schreibstube» geworden war.
Dort nun arbeitete er an seinem letzten Buch: *Träumereien eines einsam Schweifenden*. Die Notizen auf den Spielkarten verarbeitete er zu zehn «Träumereien». Darunter findet sich in der siebten «Träumerei» die Geburtsstunde der Romantik: «Allein war ich, wagte mich in die Krummwege des Gebirgs vor und kam von Wald zu Wald, von Fels zu Fels, zu einem derart gut verborgenen Schlupfwinkel, wie ich ihn wilder Zeit meines Lebens nie gesehen. Schwarze Tannen, mit mächtigen Buchen untermischt, viele davon vom Alter gefällt und ineinander verschlungen, bildeten diese Zuflucht aus unüberwindlichen Grenzwällen; [...] ich setzte mich auf ein Kissen aus *Lycopodium* und Moos und begann nach Gefallen zu träumen. Eine Regung von Stolz mischte sich schon bald in diese Träumerei. Ich verglich mich mit den grossen Reisenden, die ein ödes Eiland entdecken, und sagte mir selbstgefällig: ich bin sicher der erste Sterbliche, der bis hierher vorgedrungen ist; ich betrachtete mich fast schon wie einen zweiten Kolumbus.
Während ich durch diese Vorstellung stolzierte, hörte ich nicht weit von mir ein gewisses Klappern, das mir bekannt vorkam; ich lauschte: das nämliche Geräusch kehrte wieder und wieder und schwoll an. Überrascht und neubegierig erhebe ich mich, ich dringe quer durch ein dichtgeschweisstes Gebüsch in die Richtung, aus der der Lärm kam, und in einer Senke, zwanzig Schritt neben ebenjenem Ort, zu dem ich, wie ich meinte, als erster vorgedrungen war, erblicke ich eine Manufaktur für Strümpfe.»
Mit traumwandlerischer Sicherheit schildert Rousseau jene Ambivalenz, die sich bis heute durch die Verklärung der unberührten Natur für zivilisationsmüde Leser zieht. Die reine Einsamkeit in der Natur geniesst nur der, der die Mühen der Zivilisation kennt – wie Rousseau auf der Petersinsel im Bielersee.

Ab auf die Petersinsel: Zurück zur Natur!

Diese Parole hatte Rousseau zwar nicht im Wald gepflückt, aber unter einem Baum, als er, schwer schwitzend, seinen Freund Diderot im Gefängnis von Vincennes besuchen wollte. Auf dem Weg suchte er Schatten und kramte eine Zeitschrift hervor, in der die Akademie von Dijon die Frage stellte, ob das Wissen, die Wissenschaft und die Zivilisation den Menschen glücklicher machen. Oder eben nicht. Das war die revolutionäre Antwort Rousseaus.

Premiere promenade

Me voici donc seul sur la terre, n'ayant plus de frere de prochain d'ami de société que moi-même. Le plus sociable et le plus aimant des humains en a été proscrit par un accord unanime. Ils ont cherché dans les rafinemens de leur haine quel tourment pouvoit être le plus cruel à mon ame sensible, et ils ont brisé violemment tous les liens qui m'attachoient à eux. J'aurois aimé les hommes en dépit d'eux-mêmes. Ils n'ont pu qu'en cessant de l'être se dérober à mon affection. Les voila donc étrangers inconnus, nuls enfin pour moi puis qu'ils l'ont voulu. Mais moi, détaché d'eux et de tout, que suis-je

Jean-Jacques Rousseau, *Rêveries d'un promeneur solitaire* (1776–1778), Manuskript.
Bibliothèque de Neuchâtel, BPU MsR 78

Rousseau geisselte in seinem Werk den Bergbau, weil man damit den heiligen Körper unserer All-Mutter Natur verletzt, aber auch das Abholzen der Wälder für den Bau von Städten, in denen die Menschen ein durch und durch «perverses» Leben führen. Sie sind zwischen Stein und Staub sich selbst entfremdet.

Das Projekt der Aufklärung führt die Menschen nicht in die Freiheit, sondern in die Sackgasse des Fortschritts. Glücklich waren die Menschen nur in der Urzeit im Urwald, wie Rousseau einst auf der Petersinsel, wenn er sich im Licht der untergehenden Sonne auf einem Kahn im Bielersee wiegen liess.

Nachdem 1762 seine Bücher verboten und verbrannt worden waren, irrte Rousseau nämlich immer einsamer durch Europa, bis er schliesslich im Jura landete, wo ihm der preussische König Asyl gewährte. Doch von den Dorfbewohnern bei seinen Schweifzügen durch die Wälder verspottet und zuletzt mit Steinen verfolgt, flüchtete er 1765 auf die Petersinsel im Bielersee. Winzige Glückssekunde in seinem Leben. Sein Insel-Ich träumt sich zwischen Blumen und Blüten in eine reine Welt zurück.

Die Ufer des Bielersees sind «weit wilder und romantischer» als die des Genfersees, schreibt er und verwendet nebenhin zum ersten Mal das epochale Wort Romantik. Er lässt die Bücher «eingekoffert» im Zimmer stehen und streift durch die Wiesen und Wälder, bald schon kriecht er auf allen vieren, nicht um wie der edle Wilde Eicheln zu essen, wie die Spötter ihm nachsagen, sondern um die Schönheit der einzelnen Blumen zu bestaunen. Er erinnert sich an einen deutschen Gelehrten, der einer einzelnen Zitronenzeste ein ganzes Buch widmen wollte: «Es heisst, ein Deutscher habe ein Buch über eine Zitronenzeste verfasst, und so würde ich eins über jedes Wiesengras machen, über jedes Waldmoos, über jede Flechte, die einen Felsen tapeziert; letztlich wollte ich kein Kraut und Halm, kein vegetabilisches Atom ohne ausführlichen Beschrieb lassen.» Eigentlich wäre das sein eigenes Programm gewesen, doch der verteufelte Geist der Aufklärung, der enzyklopädische Geist, verlockt ihn, die Insel in «kleine Quadrate» einzuteilen, um eine «flora petrinsularis» zu erstellen. Mit «meinem Systema naturae unter dem Arm» und den botanischen Fachbegriffen bewaffnet, mit denen er die einzelnen Blumen in den Dienst der Wissenschaft stellt, verfehlt Rousseau letztlich sein Ziel: die reine Poesie des Ursprungs.

Klimakatastrophe Konsonant

Dabei war er in der Schweiz seinem Ziel, die Natur mit der Kultur zu versöhnen, schon so nah, denn, ach!, nur in der Schweiz verschmelzen Wald und Stadt: «Im Ernst, wer hätte je darauf gerechnet, in einem jähen Schlund auf eine Manufaktur zu stossen. Es gibt in der ganzen Welt nur die Schweiz, die mit einer solchen Mischung von wilder Natur und menschlicher Industrie aufwartet. Die ganze Schweiz ist, wenn man so will, eine einzige grosse Stadt, deren Strassen länger und breiter sind als die *St. Antoine*, gesprenkelt mit Wäldern, durchschnitten von Bergen, und die zerstreuten und abgesonderten Häuser sind miteinander durch englische Gärten verbunden.»

Ein Schritt nur und man gerät aus der geordneten Gegenwart in die Gegenwelt der Urzeit, als die Sprache noch nicht Begriff war, sondern Schrei, als sie noch vokalischer Fluss war, ganz im Süden an den Brunnen, wo sich die Mädchen und Knaben trafen, als Liebende, deren Liebe überströmte wie das Wasser des Brunnens. So sehnt sich Rousseau nach jener Ursprache, in der man noch weich zueinander sagte «aimez-moi» – «Lieben Sie mich!».

Doch ein böser Klimagott hat, so Rousseau, einst den Pol der Erde gekippt. Und schon fiel kaum mehr Sonne auf den Norden, wo die Menschen sich in Hütten verkrochen und vereinzelten. Auch ihre Sprache erstarrte zu einem Kettenpanzer aus harten Konsonanten. Das weiche «aimez-moi» weicht dem harten Befehl: «Aidez-moi» – «Helft mir!». Damit dringt das dentale D wie ein Dolch mitten ins Herz der Sprache.

Die im Skelett der sinntragenden Konsonanten verknöcherte Sprache kann von unseren wahren Gefühlen und unmittelbaren Wahrnehmungen nur eine ferne Ahnung vermitteln, man müsste, so notiert Rousseau, «eine neue Sprache erfinden».

Poetische Gegenworte

Zum Glück wandelte in seinem Schatten dann Friedrich Hölderlin. Hölderlin hatte die deutsche Dichtung auf nie gekannte Höhen gehoben und feierte die Eichen als «Volk von Titanen»: «Eine Welt ist jeder von euch, wie die Sterne des Himmels / Lebt ihr, jeder ein Gott, in freiem Bunde zusammen.» Titanisch war für ihn auch Rousseau, und so lässt er ihn im gleichnamigen Gedicht gleichsam Baum werden, dem aus Trauer die Arme sinken, da ihn seine eigene Zeit noch nicht verstehen konnte: «Vernommen hast du sie, verstanden die Sprache der Fremdlinge, / Gedeutet ihre Seele! Dem Sehnenden war / Der Wink genug, und Winke sind / Von alters her die Sprache der Götter.»

Von seinem Gewaltmarsch nach Bordeaux erschöpft, tauchte Hölderlin dann in die Tiefe des Wahns ab, und man sah ihn in Tübingen durch Gärten taumeln, den Kopf über Blumen gebeugt und nur noch zwei Silben stotternd statt lange Hymnen hauchend: «Oui oui.» Ein weiches Echo auf die französische Sprache. In diesem Lallen ist die Blume ganz da. «Ja. Ja.»

Ein Ja zur Blume, ein Ja zum absolut Singulären – einer Blume, eines Blattes, eines Baumes. Das einzelne Wort wird in der Dichtung vom Zwang der syntaktischen Grammatik befreit und kann für sich allein strahlen wie die Blume, wenn sie, wie Mallarmé in seinem Motto andeutet, aus dem Strauss herausgelöst wird.

Befreit vom Zwang zum Sinn, kann das Wort als Blumenkelch die Sinnlichkeit seines Klangbildes erglänzen lassen: Offen wie der Mund, wenn er das französische «Oui» formt, offen für den Eindruck, den die Blume hinterlässt. Diesen Mund formte auch Robert Walser auf seinen Wanderungen durch die Wälder: «‹War es schön im Wald?› ‹Ja, o›, sagt man, ‹es war schön›, aber das ist auch alles.»

Ob «oui» oder «o»: Man kann die Schönheit des Waldes nicht in Sprache fassen. Doch lässt sich die einzelne Blume, der einzelne Baum sprachlich fassen? Marion Poschmann widerlegt ihr eigenes Eingeständnis über das Scheitern der Sprache mit ihrem Gedicht «Farnfraktal» aus dem Band *Nimbus*, der auf vielsinnige Weise Betrachtungen zu Klima und Natur ausspinnt. In ihrem poetischen Gegenwort wandelt sich die Gegenwelt des Waldes zu einem «Gegenfarn» – ein Wink, nicht für Götter, sondern für uns, denn nur wenn wir das einzelne poetische Wort verteidigen, retten wir mit dem einzelnen Baum, mit der einzelnen Blume, mit dem einzelnen Farn vielleicht auch den Wald …

«– wie Flügel gegen sinkendes Abendlicht.
Und wir, wir wichen schüchtern den Schritt zurück
ins Dunkle, wo die Farnspiralen
ausharrten, dicht in sich eingewunden,

genügsam, lautlos. War ich denn jemals so –
so eingerollt in mich, völlig eingehegt
in Wald, der an mich grenzte, Wald, der
Gegenfarn bildete, grösser, stiller.»

Ausgewählte Werke der Ausstellung

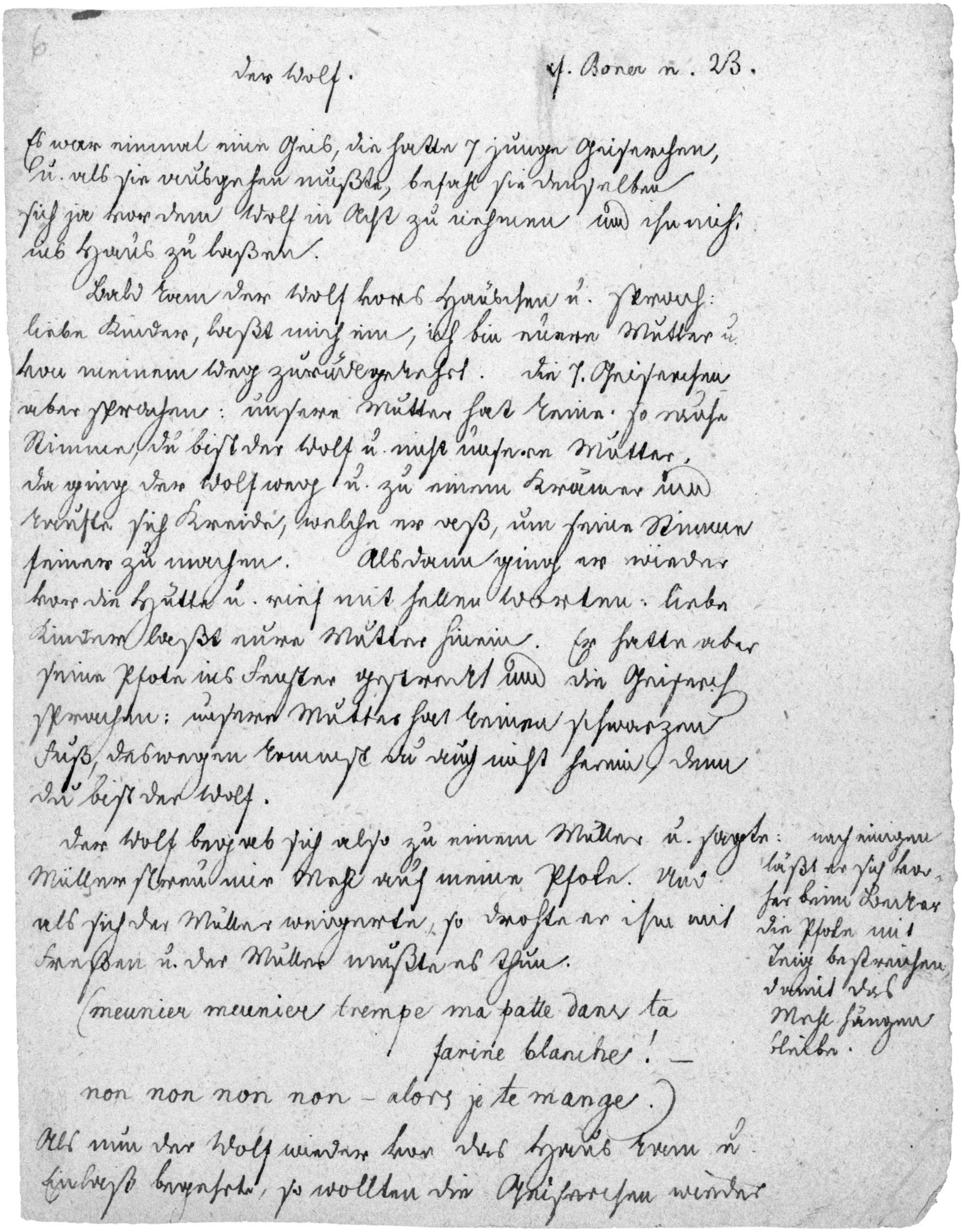

Der Wolf. cf. Bonner n. 23.

Es war einmal eine Geiß, die hatte 7 junge Geißerchen, u. als sie ausgehen mußte, befahl sie denselben sich ja vor dem Wolf in Acht zu nehmen und ihn nicht ins Haus zu lassen.

Bald kam der Wolf vors Häuschen u. sprach: liebe Kinder, laßt mich ein, ich bin eure Mutter u. von meinem Weg zurückgekehrt. Die 7. Geißerchen aber sprachen: unsere Mutter hat keine so rauhe Stimme, du bist der Wolf u. nicht unsere Mutter. Da ging der Wolf weg u. zu einem Krämer und kaufte sich Kreide, welche er aß, um seine Stimme feiner zu machen. Alsdann ging er wieder vor die Hütte u. rief mit feinen Worten: liebe Kinder laßt eure Mutter herein. Er hatte aber seine Pfote ins Fenster gesteckt und die Geißerch. sprachen: unsere Mutter hat keinen schwarzen Fuß, deswegen können wir dich nicht herein, denn du bist der Wolf.

Der Wolf begab sich also zu einem Müller u. sagte: Müller streu mir Mehl auf meine Pfote. Und als sich der Müller weigerte, so drohte er ihm mit fressen u. der Müller mußte es thun.

nach einigen ließ er sich vorher beim Becker die Pfote mit Teig bestreichen damit das Mehl hängen bliebe.

(meunier meunier trempe ma patte dans ta farine blanche! —

non non non non – alors je te mange.)

Als nun der Wolf wieder vor das Haus kam u. hineinbegehrte, so wollten die Geißerchen wieder

Ort der Zuflucht und des Schreckens

Was wären die Märchen der Gebrüder Grimm ohne Wald? Fast die Hälfte aller Märchen spielt dort. Er ist sagenhaft-magischer Ort und typische ausser-gesellschaftliche Lebenswelt.

Jacob und Wilhelm Grimm, *Kinder- und Hausmärchen,* Manuskript, 1810, *Der Wolf.*
Fondation Martin Bodmer, Cologny (Genf)

Im verwunschenen Wald

Magie und Faszination des Waldes spiegeln sich auch in Gustave Dorés (1832–1883) Holzstichen. 1862 illustriert er die Märchen von Charles Perrault.

Gustave Doré, *Belle au bois,* 1862, Holzhochdruck.
Gustave Doré, *Petit poucet,* 1862, Holzhochdruck.
Musée d'Art Moderne et Contemporain de Strasbourg, cabinet d'Art Graphique,
Foto: Musées de Strasbourg, M. Bertola

PISAN

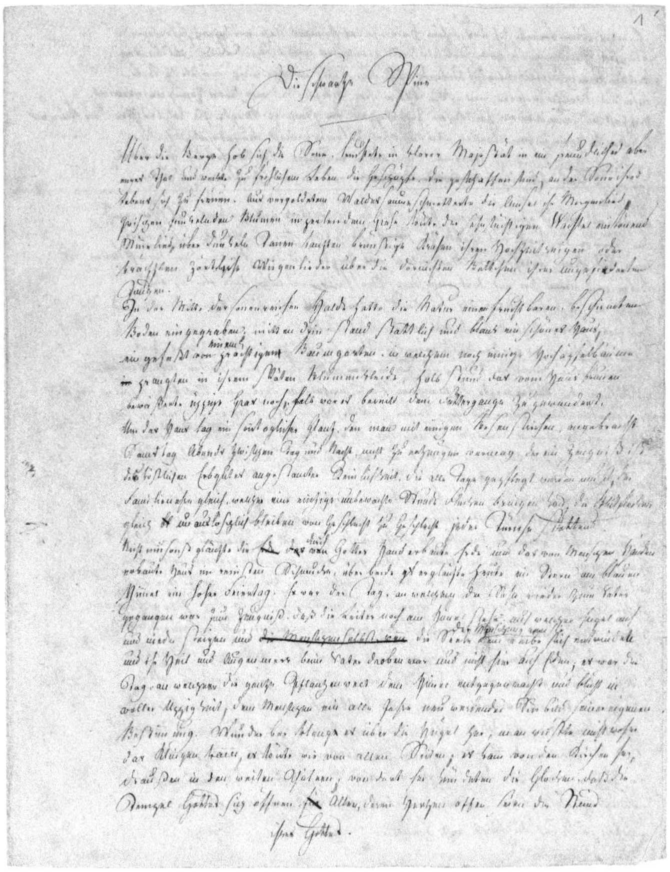

Im Bund mit dem Teufel

In Jeremias Gotthelfs (1797 – 1854) Die Schwarze Spinne *stossen die Menschen die Ordnung der Natur um, indem Bäume verpflanzt werden. Nur durch den Pakt mit dem Teufel gelingt dies.*

Jeremias Gotthelf, *Die Schwarze Spinne,* Manuskript, 1842.
Burgerbibliothek Bern, N Jeremias Gotthelf 6 (7)

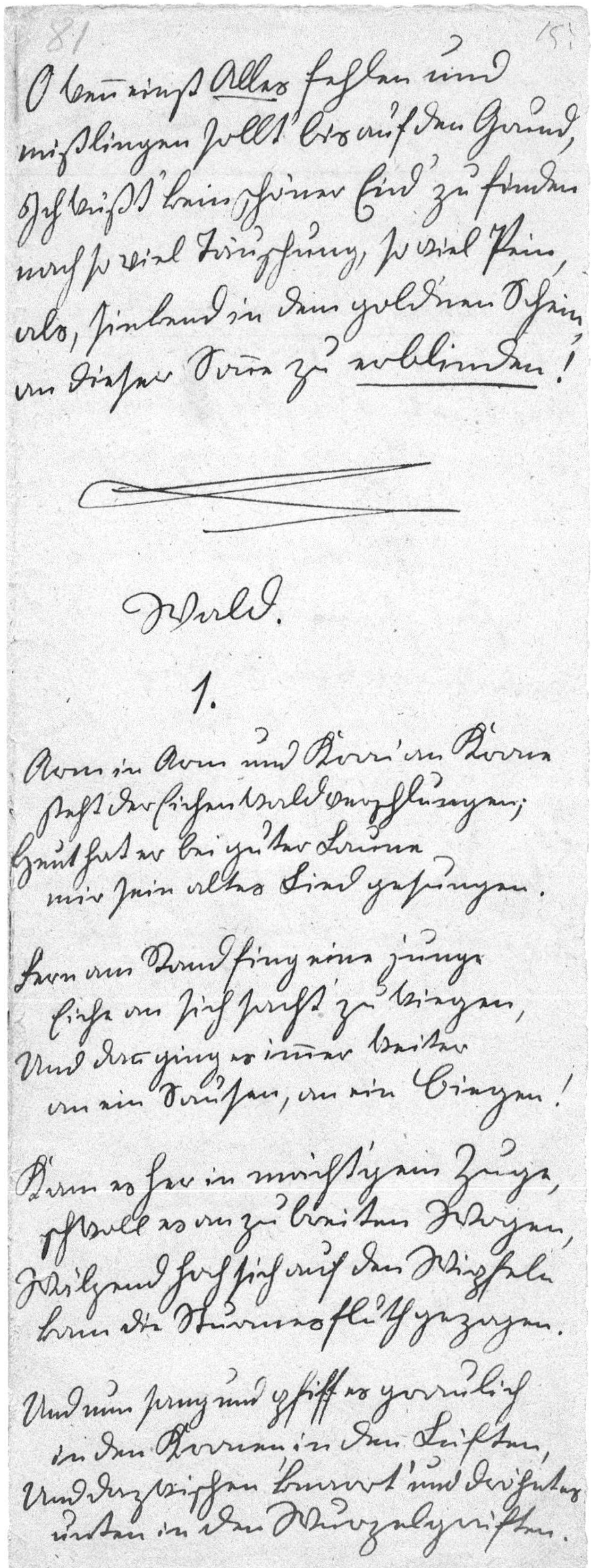

Idealisierte Wälder

Gottfried Keller (1819–1890) liebt und idealisiert die Wälder, so erkennbar etwa im ersten Waldlied, *in dem er die Bäume vermenschlicht und als Sinnbild einer Gesellschaft, die zusammensteht, deutet.*

Gottfried Keller, «Wald» *[1. Waldlied],* Manuskript.
Zentralbibliothek Zürich, Gottfried Keller Nachlass, Sign. Ms GK 22f

Der Dichter als Maler
Gottfried Keller schreibt nicht nur, sondern malt und zeichnet mit Vorliebe «genaue Naturstudien». Wälder und Bäume gehören zu seinen beliebtesten Motiven.
Gottfried Keller, *Waldlandschaft mit Eichen,* Berlin, 1855.
Zentralbibliothek Zürich, GKN 90a

Abseits der Zivilisation

J. D. Wyss (1743–1818) erzählt 1794–1798 in einem der meist übersetzten Bücher der Schweiz die Geschichte einer Schweizer Familie, die nach einem Schiffbruch auf einer fernen Insel strandet. Sie baut ein Baumhaus und führt ein einfaches, aber abenteuerliches und glückliches Leben – fernab der Zivilisation.

Johann David Wyss, *Der Schweizerische Robinson,* mit Plänen und farbigen Illustrationen, ca. 1800, S. 69.
Burgerbibliothek Bern, FA Wyss 125.4

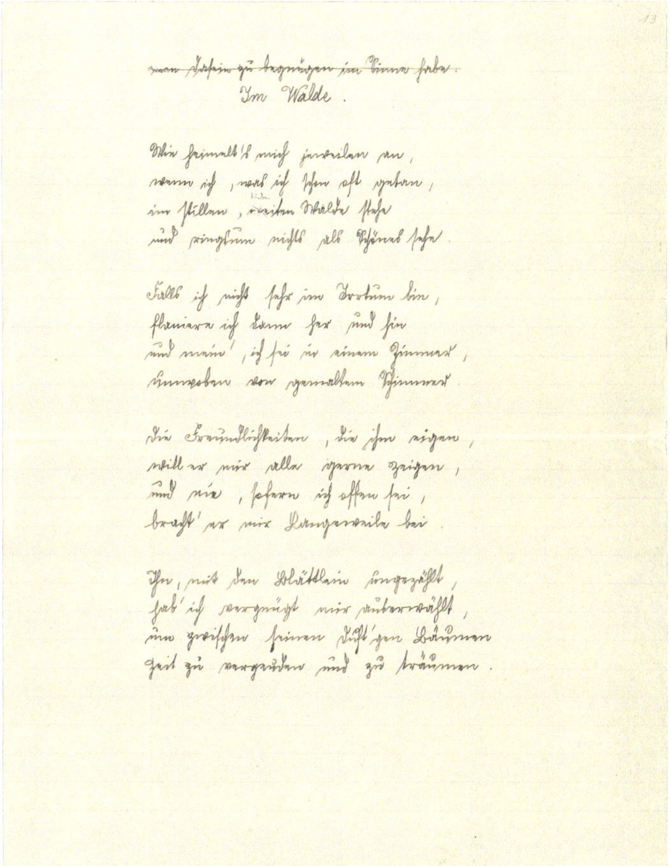

[illegible]

Im Walde.

Wie heimelt's mich jeweilen an,
wenn ich, was ich schon oft getan,
im stillen, ~~weiten~~ lieben Walde stehe
und ringsum nichts als Schönes sehe.

[illegible] ich nicht fast im Traume bin,
flaniere ich [illegible] her und hin
und mein', ich sei in einem Zimmer,
umgeben von gemaltem Schimmer.

Die Freundlichkeiten, die ihm eigen,
will er mir alle gerne zeigen,
und mir, sofern ich offen sei,
bracht' er mir Langeweile bei.

Ihn, mit den Blättlein ungezählt,
hab' ich vergnügt mir auserwählt,
um zwischen seinen Duft'gen Bäumen
Zeit zu vergeuden und zu träumen.

«Wie heimelt's mich jeweilen an …»

Auch im 20. Jahrhundert ist der Schweizer Wald literarisches Motiv, so bei Robert Walser (1878–1956), dessen Prosa und Lyrik er auf vielfältige Weise durchzieht. In seinem Gedicht Im Walde, *in dem der Dichter «im stillen lieben Walde» steht, rings um ihn «nichts als Schönes», sind Einflüsse aus der deutschen Romantik sichtbar.*

Robert Walser, *Im Walde,* Manuskript, um 1930–1933.

Hans Lozza

Die Gunst der Stunde nutzen: Zur Entstehung des Schweizerischen Nationalparks

Ein intakter Wald ist für viele Menschen der Inbegriff eines gesunden Lebensraumes und eines romantischen Ortes. Im Gebirge dient der Wald zudem auch als Lebensversicherung – viele Alpendörfer wären ohne Schutzwald grossen Gefahren ausgesetzt. Heute betrachten wir intakte Wälder als mehr oder weniger selbstverständlich, doch während Jahrhunderten wurden die Wälder insbesondere in den Gebirgsregionen aus wirtschaftlichen Gründen übernutzt und geschwächt. Dasselbe Schicksal erlitten auch die Wälder im Gebiet des heutigen Schweizerischen Nationalparks (SNP) – sie sind alles andere als Urwälder.

Der Wald ist nicht nur Heimat der Romantik, er ist auch Quelle des Rohstoffs Holz. Der Holzhandel war während Jahrhunderten für viele arme Berggemeinden eine wichtige Einnahmequelle. Entsprechend sind in den Alpen nur noch an extrem abgelegenen Orten kleine Urwaldreste übrig geblieben. Auch die Wälder im Gebiet des heutigen Schweizerischen Nationalparks wurden bis 1860 ausgebeutet. Vom 14. bis ins 19. Jahrhundert sorgte der Bergbau am Ofenpass und in der Val S-charl bei Scuol für eine grosse Nachfrage nach Holz. Dieses wurde in Kohlemeilern verkohlt, um Brennstoff für den Betrieb der Schmelzöfen zu gewinnen. Während im Ofenpassgebiet Eisenerz abgebaut wurde, standen in S-charl Blei und Silber im Fokus. Auch beim Bau der notwendigen Infrastrukturen spielte Holz eine im wahrsten Sinne des Wortes tragende Rolle.

Exzessiver Raubbau

Die letzten Bergbauaktivitäten in S-charl gehen auf die 1820er Jahre zurück. Danach war die Rentabilität ungenügend und der Abbau wurde definitiv eingestellt. Doch die Wälder warteten vergeblich auf eine Erholung, der Verkauf von Holz an die Salinen in Hall im Tirol sorgte für einen noch intensiveren Raubbau. Um die Sole an die Oberfläche zu pumpen und sie dort zu verdampfen, benötigten die Salinen viel Energie. Als im Inntal die Wälder mehr oder weniger geplündert waren, begaben sich die Holzhändler immer weiter innaufwärts und gelangten auch ins Engadin. Hier wurden ganze Waldflächen kahlgeschlagen, die Bäume in meterlange sogenannte «Hallhölzer» gesägt und zuerst in Bächen gedriftet und anschliessend im Inn in Richtung Hall im Tirol geflösst.

Diese Übernutzung hatte grosse Auswirkungen auf den Wald. Verstärkend kam hinzu, dass die Bevölkerung damals auf Holz als Bau- und Brennmaterial angewiesen war. Praktisch jeder Ast wurde verwendet – sogar die Tannenzapfen wurden gesammelt, um als Anfeuerhilfe zu dienen. Hinzu kam der unkontrollierte Weidegang. Rinder, Ziegen und Schafe fügten dem bereits angeschlagenen Wald durch Verbiss weiteren Schaden zu, was sich vor allem auch negativ

Ofenpass

Blick nach Südosten auf die Ofenpasswälder. In der Bildmitte sind die Reste der Kahlschläge aus dem 19. Jahrhundert gut zu erkennen.

Foto: Archiv Schweizerischer Nationalpark

auf die Verjüngung auswirkte. Diese konnte die Übernutzung schliesslich nicht mehr kompensieren. Um 1850 häuften sich alpenweit Schäden durch Lawinen und Murgänge, die sich ihren Weg durch die geschwächten Waldstrukturen bahnten. Die Erosion hatte ein leichtes Spiel. Stürmen bot der lückige Wald ideale Angriffsflächen. Erste Gemeinden machten sich Gedanken, wie sie die Schutzfunktion des Waldes wiederherstellen könnten, um den Bedrohungen entgegenzuwirken. Es dauerte allerdings bis 1876, als der erste Eidgenössische Forstinspektor, Johann Wilhelm Coaz, das neue Forstgesetz durchsetzte, das auch ein Verbot von Kahlschlägen umfasste. Coaz hatte an der sächsischen Forstakademie in Tharandt studiert und danach die Gegend des Ober- und Unterengadins systematisch vermessen, um Kartenblätter zu erstellen. Er kannte die Zusammenhänge im Bergwald wie kaum ein anderer. Bevor er das Amt beim Bund annahm, wirkte er 22 Jahre lang als Bündner Forstinspektor. Ihm verdanken wir unter anderem, dass der Übernutzung der Wälder schliesslich Einhalt geboten wurde.

Die Anfänge des Schweizerischen Nationalparks

Die menschliche Präsenz hinterliess ihre Spuren nicht nur in den Wäldern. Mit dem Aufkommen des Tourismus in der zweiten Hälfte des 19. Jahrhunderts nahm die Zahl von Hotel-, Bergbahn- und anderen Erschliessungsprojekten rasant zu. Das Engadin spielte dabei eine Pionierrolle. Insbesondere englische Gäste verbrachten immer

Raubbau an Wäldern

Im 19. Jahrhundert werden die Wälder massiv übernutzt und ausgebeutet, auch im Gebiet des heutigen Nationalparks. Immer mehr Menschen fordern ihren Schutz.

Foto: Staatsarchiv Basel-Stadt, PA 924 O 2.1b_588

häufiger ihren Urlaub im Tal – zuerst nur im Sommer, später auch im Winter. Der Bau der Rhätischen Bahn Anfang des 20. Jahrhunderts verstärkte diesen Trend, der erst mit dem Ausbruch des Ersten Weltkriegs einen Dämpfer erhielt.

Unter dem Eindruck der zunehmenden Industrialisierung im schweizerischen Mittelland und der touristischen Erschliessung des Alpenraums kam in der Schweiz zu Beginn des 20. Jahrhunderts in Naturschutzkreisen die Idee von Reservaten auf, die vor menschlichen Eingriffen geschützt sein sollten. Diese Vordenker erkannten in weiser Voraussicht, dass mit der rasanten gesellschaftlichen Entwicklung unberührte Naturlandschaften in absehbarer Zeit kaum mehr vorhanden sein würden. Wie recht sie damit hatten, sehen wir heute vielerorts in den Alpen: Die vom Menschen geformte Kulturlandschaft dominiert die Naturlandschaft bei Weitem. Die Initiative ging von Mitgliedern der Naturforschenden Gesellschaft aus. Naturwissenschaftler im Umfeld von Paul und Fritz Sarasin hatten sich zum Ziel gesetzt, ein repräsentatives Stück Alpennatur für «alle Zeiten» komplett vor menschlichen Eingriffen zu schützen, die entstehende Entwicklung zu erforschen und die Bevölkerung über Sinn und Zweck dieses Naturschutzexperiments zu informieren. Es ist bemerkenswert, dass diese drei Ziele auch heute noch die drei tragenden Säulen des Nationalparks bilden.

Die Naturschutzpioniere hielten Ausschau nach einem Gebiet mit vielfältiger Flora und Fauna und geringer Bevölkerungsdichte. Der Zufall wollte es, dass der Engadiner Botaniker Steivan Brunies als Gymnasiallehrer in Basel arbeitete und Mitglied der Naturforschenden Gesellschaft wurde. Er schlug das Gebiet am Ofenpass zwischen Unterengadin und Val Müstair vor, in dem er seine Dissertation durchgeführt hatte. Der Romanisch sprechende Brunies kannte die Entscheidungsträger in der Region und wirkte als effizienter Türöffner und Vermittler. So konnte die im städtisch-bürgerlichen Umfeld entwickelte Idee im bäuerlich geprägten Engadin Fuss fassen. Weitere Zufälle begünstigten eine erfolgreiche Nationalparkgründung. So durften als Folge der Maul- und Klauenseuche zu diesem Zeitpunkt keine Bergamaskerschafe aus Italien auf den Bündner Alpen gesömmert werden. Dies führte zu einem erheblichen Erwerbsausfall für die Gemeinden. Zudem boten auch die übernutzten Wälder im Ofenpassgebiet keine ausreichende Rendite mehr. Und schliesslich waren Wildtierarten wie Rothirsch, Reh und Steinbock ausgerottet, was die Jagd erschwerte. Unter diesen Vorzeichen waren neue Einkommensquellen willkommen. Bereits vor der offiziellen Gründung des Parks konnten Verträge mit einzelnen Parkgemeinden abgeschlossen werden, so 1909 mit Zernez und 1911 mit Scuol und S-chanf.

Eine Idee aus der Stadt

Wir dürfen annehmen, dass diese Umweltpioniere aus dem Kreis der Naturforschenden Gesellschaft damals keinen leichten Stand hatten. Da kamen 1909 diese Herren aus gutem Hause und wollten von den Gemeinden Land pachten, um es der natürlichen Entwicklung im Sinne eines Freiluftlaboratoriums zu überlassen. Sie wollten einfach *nichts* tun: kein Weidegang, kein Bergbau, keine Waldnutzung. Es ist kaum dokumentiert, wie die vorwiegend bäuerliche Bevölkerung 1909 auf die Nationalparkidee reagiert hat. Kopfschütteln war vermutlich die mildeste Reaktion. Begriffe wie «Spinner!» oder «Phantasten!» waren wohl zu hören, «Grüne» gab es zu jener Zeit noch gar nicht. Doch die Sorgen um die leeren Gemeindekassen bestimmten offenbar damals wie heute die politischen Entscheidungen.

Neben viel Idealismus brauchte es zur Erhaltung und Vergrösserung des Reservats auch finanzielle Mittel. Um die Pachtzinsen finanzieren zu

Mitbegründer des Nationalparks

Der Einheimische Steivan Brunies (1877–1953) (ganz rechts) engagiert sich vor Ort für die Realisierung des Schweizerischen Nationalparks.

Foto: Archiv Schweizerischer Nationalpark

Parlamentarier für Nationalpark

Sechs Nationalräte, drei Ständeräte und ein Bundesrat besichtigen im Sommer 1913 mit Paul Sarasin die Val Cluozza und setzen sich danach im Parlament erfolgreich für die Gründung des Nationalparks ein.

Parlamentarische Kommission im Juli 1913 vor der Chamanna Cluozza.
Foto: Archiv Schweizerischer Nationalpark

können, gründeten die Pioniere den Schweizerischen Bund für Naturschutz (SBN) mit Sitz in Basel. Weil jedes Mitglied jährlich einen Franken an den Nationalpark bezahlte, hiess der SBN auch «Fränkli-Verein». Heute noch trägt jedes Pro-Natura-Mitglied mit einem Franken pro Jahr zum Betrieb des Nationalparks bei.

Eine parlamentarische Kommission besuchte im Jahre 1913 bei Schnee und Hagel die Val Cluozza und war so begeistert, dass sie sich in Bern mit Nachdruck für die Gründung eines Nationalparks einsetzte – offenbar mit Erfolg: Am 27. März 1914 machte eine bürgerliche Mehrheit im Nationalrat den Weg frei für den ersten Nationalpark Mitteleuropas, der am 1. August 1914 feierlich eröffnet wurde – nur drei Tage nach dem Ausbruch des Ersten Weltkriegs. Ab diesem Zeitpunkt finanzierte die Schweizerische Eidgenossenschaft die Pachtzinsen und den Betrieb des Parks.

Als Modell für die Gründung eines Reservats wird in der Literatur der 1872 gegründete Yellowstone-Nationalpark in den USA erwähnt. Zu diesem gibt es jedoch einen wichtigen konzeptionellen Unterschied: Amerikas Parks waren primär als Einrichtungen im Dienste der Allgemeinheit, als Erholungsraum zu verstehen, die Schweizer Variante hingegen sollte vorrangig im Dienste der Natur und der Wissenschaft stehen.

Bergföhrenwälder als Markenzeichen

Auf den Kahlschlagflächen des 19. Jahrhunderts entstanden neue Pionierwälder, die grösstenteils aus Bergföhren bestehen und eine Besonderheit des Nationalparks darstellen. Die Samen der Bergföhre werden vom Wind verbreitet und können auf sehr kargem Boden gedeihen. Bergföhren werden maximal 200 Jahre alt, entsprechend sterben nun viele Bäume ab. Dies führt zu den typischen Waldbildern, die auch immer wieder für Reaktionen bei den Gästen sorgen. Aussagen wie «Ist dieser Wald krank?» oder «Weshalb werden diese Wälder nicht aufgeräumt?» zeigen das Bedürfnis des Menschen nach Quantifizierung, Bewertung und Ordnung. Die Parkverantwortlichen betrachten die Prozesse aus möglichst neutraler Perspektive. Denn die Sichtweise des Besuchers ist subjektiv: Wenn er Holz als Rohstoff betrachtet, ist seine Bemerkung berechtigt. Aus der Sicht eines Holzwurms ist das herumliegende Holz hingegen Nahrung und Lebensraum. Totholz bildet einen wichtigen Bestandteil eines funktionierenden Waldsystems mit einer hohen Vielfalt an Arten.

Steinbockschmuggel

1906 schmuggeln drei Schweizer junge Steinböcke über die Grenze von Italien in die Schweiz, nachdem der italienische König Vittorio Emanuele der Eidgenossenschaft den Verkauf dieser in der Schweiz längst ausgestorbenen Alpentiere verweigert hat.

Foto: Archiv Schweizerischer Nationalpark

Rewilding als Experiment

Der SNP ist gemäss Definition der Internationalen Naturschutzunion (IUCN) ein Wildnisgebiet, auch wenn es sich nicht um ursprüngliche Wildnis handelt. Das Zulassen von natürlichen Prozessen wie Lawinen, Murgängen, Überschwemmungen und Stürmen führt zu einer hohen natürlichen Dynamik. Das Langzeitexperiment Nationalpark hat somit den Charakter eines sogenannten *Rewildings*: Ehemals intensiv genutzte Landschaften wurden der Natur zurückgegeben und die Entwicklung wird wissenschaftlich begleitet. In mehr als 100 Jahren hat sich der Nationalpark zu einer Naturoase entwickelt, in der die Spuren der früheren menschlichen Nutzungen immer mehr verschwinden.

Doch was hat sich in mehr als einem Jahrhundert Nationalpark verändert? Auf den ersten Blick sind die Veränderungen nicht spektakulär. Vielerorts hat die Artenvielfalt zugenommen, Waldbilder verändern sich langsam. Die Zahl der Huftiere ist angestiegen. Trotzdem: Vieles lässt noch die längst vergangenen menschlichen Nutzungen erkennen, so etwa die Stickstoffzeiger im Bereich ehemaliger Alpen- oder Pionierwälder auf früheren Kahlschlagflächen. 100 Jahre mögen für uns eine lange Zeit sein – für die Natur sind sie ein Intermezzo. Vielleicht werden unsere Urenkel dereinst fundamentale Veränderungen im naturbelassenen Nationalpark erkennen können. Die entscheidende Bedingung für einen solchen Versuch ist folglich die Langfristigkeit.

Der Alpensteinbock

1920 wird der Alpensteinbock im Nationalpark ausgewildert. Erstmals seit 1650 ist der «König der Berge» wieder in Graubünden anzutreffen. Er wird zum Wahrzeichen des Nationalparks.

Foto: Bartholome Schocher, ca. 1923, Schweizerisches Nationalmuseum

→ nächste Doppelseite

Naturkreislauf

Seit der Gründung des Nationalparks greifen Menschen nicht mehr in die Natur ein. Tote Bäume bleiben liegen, sie sind Lebensraum für Insekten und tragen zur Entstehung neuer Jungbäume bei.

Foto: Archiv Schweizerischer Nationalpark

Kahle Berghänge

Auch die Wälder im Gebiet des heutigen Schweizerischen Nationalparks werden bis 1860 ausgebeutet. Der grosse Bedarf an Brennholz unter anderem auch für den Bergbau am Ofenpass sorgt für kahle Berghänge.

Foto: Archiv Eidgen. Forschungsanstalt WSL, Hans Burger

Pascale Meyer

Für den Schweizer Wald im 19. Jahrhundert: Johann Wilhelm Coaz und Paul Sarasin

Als der Bündner Johann Wilhelm Coaz 1822 in Antwerpen geboren wird, zeichnet sich längst ab, was 30 Jahre später augenfällig wird: Der Wald in der Schweiz (wie in ganz Europa) ist übernutzt, gerodet und in einem schlechten Zustand. Grosse Kahlflächen infolge jahrhundertelanger Übernutzung, Ausrottung des Wildbestands und massive Dezimierung der Laubbäume sind sichtbar. Mit verheerenden Folgen: Die Wälder bieten keinen natürlichen Schutz mehr, Naturkatastrophen wie Überschwemmungen und Lawinenabgänge plagen die Bevölkerung. Dem Druck durch die infolge der Industrialisierung stark wachsende Bevölkerung kann der Wald nicht mehr standhalten. Modernisierungsprojekte wie die Kanalisierung und die Begradigung der Flüsse, der Ausbau des Strassennetzes und vor allem der Kahlschlag der Gebirgswälder drängen Tiere und Pflanzen zurück. Der letzte Luchs wird 1876 gesichtet, als der Steinbock längst verschwunden und auch der Wolf nur noch als Grenzgänger anzutreffen ist.

Fast noch einschneidender für Bevölkerung und Gewerbe ist die akute Holznot. Denn ohne den wichtigsten Brennstoff können weder Wohnräume beheizt werden, noch Gewerbebetriebe wie Schmieden, Gerbereien, Köhlereien funktionieren. Zwar sind bereits im 18. Jahrhundert kantonale Forstgesetze in Kraft, die beispielsweise die Weidgänge des Viehs im Wald regeln oder Rodungstätigkeiten regulieren, doch noch mangelt es an einer gesamteidgenössischen Strategie zum Schutz der Schweizer Wälder.

Forstinspektor Coaz

In dieser Phase der «Waldnot» tritt Johann Wilhelm Coaz auf. In seinem Heimatkanton Graubünden ist die Lage besonders dramatisch: Der enorme Verbrauch an Brennholz und die Beweidung durch das Kleinvieh zerstören die Wälder. Weil Geld fehlt, werden ganze Wälder verkauft und abgeholzt. Hinzu kommt eine intensive Nutzung der Bergwälder für den Bergbau. Bäume dienen als Futterpflanzen, Nadeln und Blätter werden als Streu gesammelt, kurz: Der Wald ist geplündert und eine geregelte Forstwirtschaft notwendiger denn je.

Coaz, 1855 mit seiner Familie nach Chur übergesiedelt, lässt sich zum Forstingenieur ausbilden und arbeitet von 1844 bis 1851 als Gebirgstopograf in Graubünden im Dienst des Eidgenössischen Topographischen Bureaus. Während des Sonderbundskriegs wird Coaz Sekretär von General Dufour und liefert Daten zur Landesvermessung. Dafür muss er zahlreiche Berge bezwingen – 21 Erstbesteigungen gehen auf sein Konto –, was ihm die Gunst aller Alpinisten einträgt.

Als Coaz 1852 seine erste Stelle als Forstinspektor in Graubünden antritt, kommt die Forstpolitik der Schweiz in Bewegung. Vorausgegangen ist die Gründung des Polytechnikums, der heutigen ETH, mit einer Forstschule, die erstmals

Baumalbum

J. W. Coaz legt zwischen 1875 und 1911 ein Bauminventar an. 23 Einzelbäume werden darin aufgenommen, die durch «Grösse und Schönheit hervorragen». Heute werden die 23 losen Einzelblätter (sogenannte Lichtdrucke) in der ETH Zürich aufbewahrt.

Foto: ETH-Bibliothek, Zürich, Bildarchiv Ans 05561-004-PL, Felix Schönenberger

Johann Wilhelm Coaz (1822–1918)

Der Bündner Forstingenieur und Gebirgstopograf wird 1875 zum ersten eidgenössischen Forstinspektor.

Foto: Schweizer Alpen-Club (SAC)

Forstingenieure für die Schweiz ausbildet. Emil Landolt, Inhaber dieses Lehrstuhls, erstellt 1862 eine «Denkschrift an den hohen schweizerischen BR betr die Folgen der Waldverwüstungen im Hochgebirge». Einige Massnahmen wie Kredite für Gewässerkorrektion werden zwar umgesetzt, doch sie reichen längst nicht: Unter dem Eindruck grosser Überschwemmungen im Jahr 1868 wird die «Elferkommission des Forstvereins» aktiv und kann schliesslich erreichen, dass 1874 in die revidierte Bundesverfassung ein Artikel aufgenommen wird, der das «Recht auf Oberaufsicht über Wasserbau – und Forstpolizei [...]» für den Bund festhält. Im folgenden Jahr wird Coaz zum Oberforstinspektor der Eigenossenschaft ernannt und widmet sich mit ganzer Kraft dem Entwurf eines eidgenössischen Forstgesetzes, das bereits ein Jahr später, 1876, in Kraft tritt.

Das eidgenössische Forstgesetz

Das Gesetz war sehr modern, vorbildlich im In- und Ausland – und ist es bis heute geblieben. Im Zentrum steht das Erhaltungs- beziehungsweise Vermehrungspostulat für Schutzwälder sowie die Sicherung der Nachhaltigkeit der Nutzung. Mit der Streichung der Einschränkung «im Hochgebirge» werden zum Ende des 19. Jahrhunderts die Bundesvorschriften auf die ganze Schweiz ausgedehnt. Und so steht der Wald im noch jungen Bundesstaat unter verstärktem Schutz und kann sich von den Schäden der vergangenen Jahrzehnte erholen. Bis ins Jahr 2000 sollte er sich um gut einen Fünftel ausdehnen.

Coaz widmet seinerzeit sein gesamtes Berufsleben dem Wald. Bis 1914 bleibt er in diesem Amt und findet trotz hoher Arbeitsbelastung Zeit für weitere naturwissenschaftliche Forschungen in den Gebieten Meteorologie und Lawinenkunde, Botanik und Dendrochronologie. Ausgezeichnet mit zahlreichen Würdigungen und Ehrungen verlässt er als 92-Jähriger (!) das Amt – nicht ohne zuvor noch zusammen mit einem seiner engsten Freunde, Carl Schröter, Professor für Botanik an der ETH, die Idee eines Schweizerischen Nationalparks zu entwickeln. Gemeinsam erkunden sie die Gegend des Unterengadins, und 1906 ist in der *NZZ* zu lesen: «Dieses Tal würde sich vortrefflich zu einem schweizerischen Nationalpark eignen, wo keine Axt und kein Schuss erklingen dürfte»: Die Idee eines Nationalparks ist geboren. Vorbild ist der bereits 1872 gegründete amerikanische Yellowstone-Nationalpark.

Idee Nationalpark

Die 1906 gegründete Schweizerische Naturschutzkommission nimmt die Idee auf und entschliesst sich, im Val Cluozza den Nationalpark zu errichten (siehe Artikel von Hans Lozza in diesem Band). Coaz lehnt die Mitarbeit in einem eigens dafür gegründeten Komitee aus politischtaktischen Gründen ab, ist aber dennoch auf der legendären dreitägigen (!) Wanderung im Juli 1911 mit Bundesrat Schobinger und Bundespräsident Ruchet zugegen. Und schliesslich erarbeitet er die Entscheidungsgrundlagen zuhanden des Bundesrats.

Grossbürger Paul Sarasin

Paul Sarasin wird 1856 in eine wohlhabende grossbürgerliche Basler Familie geboren. Es ist eine Welt, in der die Söhne selbstverständlich eine gute Ausbildung erhalten und die Welt bereisen können. Nach seinem Studium der Medizin und Zoologie zieht es Paul zusammen mit seinem Cousin zweiten Grades, Fritz Sarasin, nach Ceylon, heute Sri Lanka, zur Feldforschung. Ab 1893 reisen sie wiederholt auf die Insel Celebes, damals Teil des niederländischen Kolonialreichs. Heute heisst die Insel Sulawesi und gehört zu Indonesien. Die beiden Cousins interessieren sich für geologische, geografische und anthropologische Grenzverläufe zwischen Asien und Australien. Obwohl sie aus der Schweiz kommen, die selbst nie Kolonialmacht war, profitieren die jungen Forscher auf mehreren Ebenen von den Kolonialmächten: Dank des Familienvermögens, in der Seidenband- und Baumwollweberei erwirtschaftet, eng mit kolonialen Import- und Absatzmärkten verflochten, sind sie finanziell unabhängig. In den niederländischen Kolonien bekommen sie Unterstützung von der lokalen Kolonialverwaltung, die ihnen zu sieben Expeditionen durchs Hochland der Insel verhilft. Die Lebensweise der Kolonialisten ist ihnen anfangs nicht fremd: In kolonialer Manier erjagen sie bei-

Die Sarasins

Paul und Fritz Sarasin zählen zu den einflussreichsten Naturforschern ihrer Zeit. Sie erhalten zahlreiche Auszeichnungen und Ehrenmitgliedschaften. Im Bild: Paul und Fritz Sarasin sowie Leopold Rütimeyer, Professor für Medizin, 1908.

Foto: Staatsarchiv Basel-Stadt, PA 924a = 2.1b

Expeditionen

Paul und Fritz Sarasin sind in den 1880er Jahren bis 1896 immer wieder in Ceylon, heute Sri Lanka, und Celebes, heute Sulawesi, auf Forschungsreisen. Ihre Expeditionen wären ohne Diener und Träger nicht zu bewältigen.

Fotograf unbekannt, ETH-Bibliothek, Zürich, Bildarchiv, Dia 282-1899 / CC BY SA 4.0 0285

Koloniale Vergangenheit

Bevor sich die Cousins Paul und Fritz Sarasin dem Naturschutz in der Schweiz verschreiben, gehen sie in den 1880er Jahren in Celebes auf Grosswildjagd. Das Elefantenjungtier wird dem Basler Zoo überbracht.

Fotograf unbekannt, ETH-Bibliothek, Zürich, Bildarchiv, Dia 282-1899 / CC BY SA 4.0

spielsweise in Ceylon eine Elefantendame, deren Junges sie dem Basler Zoo schenken. Miss Kumbuk, wie das Jungtier genannt wird, wird in den 1880er Jahren zu einer der Hauptattraktionen. Ganz der Zeit verhaftet sind die beiden Cousins auch an Rassenmerkmalen interessiert – so fotografieren und vermessen sie die «Toalas», eine Bevölkerungsgruppe in Celebes.
Zurück in Basel 1896 wird ihr neues Haus, das Faesch'sche Haus, zum naturwissenschaftlichen Hotspot. Die beiden Cousins werden zu den einflussreichsten Naturforschern der Schweiz. Sie besetzen Schlüsselpositionen in wissenschaftlichen Gremien und erhalten zahlreiche Auszeichnungen und Ehrenmitgliedschaften. Sie veröffentlichen Forschungsergebnisse, arbeiten mit Universitäten zusammen, gründen das Völkerkundemuseum und das Naturhistorische Museum Basel, das sie zeitweise auch als Direktoren führen.
1906 wird Paul Sarasin der erste Präsident der neuen Naturschutzkommission. Zusammen mit seinem Vetter Fritz und dem Gymnasiallehrer Stefan Brunies kommt er zur Überzeugung, auch in seiner Heimat müsse ein Reservat der Natur Gestalt annehmen. Ein Schweizerischer Nationalpark in einem Gebiet, in dem Wälder, Flora und Fauna in hohem Mass bedroht sind, scheint ihm ein probates Mittel, der fortschreitenden zivilisatorischen Bedrohung und Zerstörung Einhalt zu gebieten.
Immer drängender wird ihm auch der globale Naturschutz. Es ist ihm bewusst, dass der Kolonialismus mitschuldig ist, wenn weltweit Tierarten ausgerottet, Wälder abgeholzt, Landschaften zerstört und indigene Völker bedroht werden. «Der weisse Mensch ist das Verderben der Schöpfung, er ist der Verwüster des Paradieses auf Erde, und seine Schritte in dieses Paradies bezeichnet er mit Seuchen, Gift, Blut und Tränen», schreibt Sarasin. Sein Wunsch, den alpinen Naturzustand wiederherzustellen, ist auf seinen Reisen nach Ceylon und Celebes entstanden. Seine Sehnsucht nach dem Urtümlichen und einem paradiesischen Zustand ist romantischer Natur. Zugleich ist er aber auch ein kolonialer Habitus: Trotz seiner Kritik am Kolonialismus spielt er dem «weissen Mann» paradoxerweise die Rolle zu, über das «Naturparadies» zu wachen und es zu beschützen.

Weltnaturschutzbund

Und so regt Sarasin 1913 die Gründung eines Weltnaturschutzbundes an. Überzeugt, dass die Verdrängung der Natur durch die «Zivilisation» ein globales Problem sei und auch die «Naturvölker» unter den Schirm eines weltweiten Naturschutzes zu stellen seien, gelingt es ihm, den Bundesrat für eine aktive Rolle der Schweiz zu gewinnen. Dieser lädt schliesslich zur ersten Weltnaturschutzkonferenz in Bern ein. 17 Länder leisten der Einladung Folge. In der von Sarasin verfassten Denkschrift, die er vorliest, ist festgehalten, dass die Wildschutzgesetze internationalisiert werden sollen, die Schaffung von Reservaten überall auf der Erde gefördert sowie eine internationale Naturschutzkommission einzusetzen sei.
Er sei «erfüllt von der Überzeugung, dass die gesamte freilebende höhere Tierwelt unseres Planeten dem endgültigen Untergange verfallen ist, wenn nicht mit dem Aufwand der ganzen Tatkraft von Seiten, derjenigen, welche das Übel zu erkennen vermögen, dem drohenden Unheil entgegengetreten wird», erklärt Sarasin. Dabei fordert er von der Weltgemeinschaft, die «höheren, aber auch die ‹niederen› Tierarten nicht mehr abzuschlachten, die Flora zu schützen» und auch «die sogenannten Naturvölker vor der Ausrottung zu bewahren». Mit diesem letzteren Anliegen jedoch dringt Sarasin nicht durch, das Unverständnis darüber ist gross. Am Ende der Konferenz wird eine Stiftungsurkunde für eine Kommission für internationalen Naturschutz unterzeichnet, doch der Erste Weltkrieg beendet jäh alle Bemühungen. Nach dem Krieg versucht Sarasin, den Weltnaturschutz im Rahmen des Völkerbundes wiederzubeleben, jedoch ohne Erfolg. Die Initiative geht auf andere Länder über.

Graubünden

Schweiz. Nationalpark

ILLUSTRIERTER FÜHRER MIT KARTE

FR. 1.20

Führer durch den Nationalpark

Der illustrierte Führer von 1942 soll «an langen, von Wandersehnsucht erfüllten Winterabenden unser Gast sein» und den Schweizerinnen und Schweizern seinerzeit die Liebe zur Natur nahebringen.

Schweizerisches Nationalmuseum

Global – lokal: Natur- und Umweltschutz als Pionierleistung

J. W. Coaz – Forstfachmann, Praktiker, Generalist – stellt sein ganzes Leben in den Dienst des Schutzes der Wälder und der Erforschung der Umwelt. Er ist ganz Diplomat und kann seinen Einfluss in die hohe Politik geltend machen. Sein Hintergrund und seine bescheidene Art unterscheiden sich indes von dem im grossbürgerlichen Milieu aufgewachsenen und selbstbewussten Paul Sarasin, der weit gereist und mit allen Forschungsmeriten ausgestattet ist. In kolonialer Manier – mit Trägern und Dienern – bereist dieser Gebiete der Erde, die noch wenig erforscht sind, und lebt dort seinen Forschungsdrang aus, führt aber auch ein vom städtischen Grossbürgertum unbeobachtetes Leben (die Beziehung zu seinem Cousin ist sehr eng und für die damalige Zeit aussergewöhnlich). Nach Hause kommt er mit der Überzeugung, dass die Verdrängung der Natur durch die «Zivilisation» ein globales Problem sei und die «Naturvölker» Bestandteil des weltweiten Naturschutzes sein sollten. Beide, Coaz und Sarasin, setzen sich mit aller Kraft, mit all ihren Kontakten und ihrem Geld dafür ein, dass die Schweiz im globalen Naturschutz eine Vorbildrolle einnimmt.

Die beiden verbindet die Idee eines «heimischen Reservats», einer geschützten Zone für die Erhaltung der Flora und Fauna – eine Idee, die notabene aus den USA stammt und die in dieser Zeit schon längst auf andere Staaten übergesprungen ist. Im Gegensatz aber zum amerikanischen Vorbild soll der Schweizer Nationalpark in erster Linie der Forschung dienen und nicht, wie der Yellowstone-Park, eine *recreation area* sein.

Mit bemerkenswerter Weitsicht setzen sich sowohl Coaz als auch Sarasin für einen nachhaltigen Naturschutz ein. Aus heutiger Sicht wirkt dieses Anliegen modern, damals entspringen sie einem konservativ-modernisierungskritischen Geist. Gegner sind beispielsweise die Sozialdemokraten: Der Krieg und drängende soziale Probleme bringen sie dazu, sich im Parlament gegen die Gründung eines Nationalparks auszusprechen. Wald- und Naturschutz stehen noch längst nicht auf der Agenda von Politikern. Es wird noch rund 60 Jahre dauern, bis eine ökologische, grüne Bewegung auch die Schweiz erfasst. Hingegen können bürgerliche Politiker der Idee der Gründung eines Nationalparks einiges abgewinnen: Als patriotischer Akt, Form des Heimatschutzes und aus staatsideologischen Gründen unterstützen sie das Anliegen und verhelfen damit dem Nationalpark, heute unbestritten und äusserst populär, zum Durchbruch.

Die Biografien von Coaz und Sarasin sind durchdrungen vom Gedanken des Schutzes der natürlichen Umwelt. Trotz Rückschlägen, die beide zeitlebens immer wieder hinnehmen müssen, sind sie eigentliche Umweltpioniere, ohne dass dieses Prädikat in dieser Zeit zu vergeben gewesen wäre. Pioniere nicht im heutigen Wortsinn, sondern aus dem Geiste einer konservativ-religiösen Warte: Naturschutz aus Respekt vor der Schöpfung und Verantwortungsbewusstsein des «weissen Mannes über den Planeten». Eine «grüne Ideologie» ist im 19. Jahrhundert also noch keineswegs salonfähig – kein Parteipolitiker, weder links noch rechts, kann damals erahnen, wie stark der Umweltschutz dereinst die Parteiprogramme prägen wird. Und das, obwohl die globale Umweltzerstörung die Erde damals bereits aus dem Gleichgewicht gebracht hat.

LM 79423.237

No. 31 + 3. August 1918 — Schweizer Illustrierte Zeitung — 30 Cts. + 40 Pfg.

VII. Jahrgang • Erscheint Samstags • Verlagsanstalt Ringier & Cie., Zofingen • Vierteljährl. Fr. 3.20, postamtl. Fr. 3.35

Alte Arve am Piz Foraz, Abt. Schuls des Parkgebietes. Phot. J. Feuerstein, Schuls.

Der Schweizerische Nationalpark in Wort und Bild.

„Der Nationalpark ist eine Stätte, wo jegliche Einwirkung des Menschen für alle Zeiten ausgeschaltet ist, wo alpine Urnatur sich ungestört wiederherstellen und weiterentwickeln kann und wird. Er bildet ein Refugium für Pflanzen- und Tierwelt, ein Sanktuarium, ein Naturheiligtum. An seinen Grenzen brechen sich die über alles Land strömenden Wogen menschlicher Kultur, die das ursprüngliche Antlitz der Mutter Erde zerstören: er ist aus der ‚Okumene', aus der Besiedlungssphäre, ausgeschaltet. Er wird eine bleibende Insel alten, ursprünglichen Lebens bilden."

Prof. C. Schröter.

Spezialnummer

Der Nationalpark auf dem Titelblatt

Eine Sondernummer der 1911 gegründeten «Schweizer Illustrierten Zeitung» widmet sich am 13. August 1914 dem neu eröffneten Nationalpark.

Schweizerisches Nationalmuseum

Pro Natura

1909 gründen Vertreter der Schweizerischen Naturforschenden Gesellschaft den Schweizerischen Bund für Naturschutz (SBN) – heute Pro Natura –, um die Idee eines Nationalparks in der Schweiz zu verwirklichen.

Plakatgestalter: Anton Christoffel, 1908,
Museum für Gestaltung, Zürich, Plakatsammlung, ZHdK

A. CHRISTOFFEL.
SCHWEIZ. BUND
FÜR
NATURSCHUTZ
TRETET DEM SCHWEIZ. BUNDE
FÜR NATURSCHUTZ BEI.
JÆHRLICHER BEITRAG MINDESTENS 1 FR.
ANMELDUNGEN NIMMT DIE ZENTRALSTELLE,
BASEL, SPITALSTRASSE 22 ENTGEGEN.

Erste Reise ins Amazonasgebiet
Mithilfe von Armin Caspar kann Anita Guidi ihren Traum verwirklichen, von dem ihr immer wieder abgeraten worden ist, auch weil die Reise für eine Frau viel zu gefährlich sei. 1945 und 1948 reisen sie gemeinsam ins Amazonasgebiet.
Foto: Armin Caspar, zVg Celia Caspar, Zürich

Interview mit Alexander Brust

Anita Guidi und Armin Caspar im Amazonas

I: Wer war Armin Caspar?
Alexander Brust: Armin Caspar (1909–1991) wuchs in Zürich auf und machte dort eine Handelslehre. Nach dem Tod seiner Eltern wanderte er 1939 nach Brasilien aus. Dort arbeitete er zunächst in einer Handelsfirma und ging später anderen Tätigkeiten nach, um sich eine Existenz aufzubauen, zum Beispiel als Kameramann. Im Amazonasgebiet unterstützte er als Bauleiter den Gouverneur des neu gegründeten Territoriums Amapá beim Aufbau der Infrastruktur der Landeshauptstadt. Ihn interessierten aber auch soziale und kulturelle Fragen.

I: 1945 reiste er zu den Tukano und anderen indigenen Gruppen im Grenzgebiet zwischen Brasilien und Kolumbien. Woher kommt das Interesse an der dort lebenden Bevölkerung, aber auch an der Region insgesamt?
B: Bei beiden Reisen – jener zu den Tukano und später zu den Ka'apor – begleitete ihn die Künstlerin Anita Guidi. Sie war es, die ihn kontaktiert hatte, weil sie sich um das Image der Indigenen in Brasilien sorgte. Mitte des 20. Jahrhunderts herrschte eine Art Pionier- oder Entdeckerstimmung. Das riesige Amazonasgebiet und das Landesinnere wurden als menschenleeres Territorium wahrgenommen und sollten durch Erschliessung und Besiedlung in den Nationalstaat Brasilien integriert werden. Dort lebten aber Indigene. Es gab zwar damals in Rio de Janeiro oder São Paulo Menschen, die sich für den Schutz der Indigenen einsetzten und 1910 eine erste Indianerschutzbehörde gründeten, die Politik war aber durch Grossgrundbesitzer oder Investoren geprägt, die das Land als eine Ressource sahen. Das negative Bild des blutrünstigen, bewaffneten, primitiven Indios, der den Fortschritt verhindert, war weitverbreitet. Im Gegensatz dazu gab es in Europa das Bild des edlen Wilden. Dieses Bild war jedoch nicht mit den Vorstellungen in Siedler- oder Pioniergesellschaften wie Brasilien vereinbar. Die Inbesitznahme und Ausbeutung von Land wurde gerechtfertigt, indem die ursprünglich ansässige Bevölkerung als primitiv, wild oder grausam konstruiert wurde.

I: Wollte die Künstlerin Anita Guidi dieses Bild zeichnerisch verändern?
B: Ja, die Kunst war ihr Kommunikationsmedium. Anita Guidi (1890–1978) wuchs in Fribourg auf und studierte in London, Berlin und Paris. In den 1930er Jahren gründete sie in Zürich eine Kunstschule. Als Künstlerin war sie breit aufgestellt, was die verwendeten Materialien als auch die angewandten Techniken anbelangt. Sie war etwa als Modezeichnerin tätig. Ab 1941 lebte sie zehn Jahre lang in Brasilien, hauptsächlich in Rio.

I: Sie nahm Kontakt mit Caspar auf. Was wollte sie?
B: Sie wusste, dass er in Amapá gearbeitet hatte, und kontaktierte ihn in Belém. Belém ist eine der grossen Städte an der Amazonasmündung und Ausgangspunkt für viele Reisende in das Amazonasgebiet. Sie suchte eine Begleitung für das Amazonasgebiet, denn Reisen dorthin waren sehr aufwendig und kräftezehrend.

Mit der Staffelei im Amazonas
Kurz vor Ausbruch des Zweiten Weltkriegs verkauft die Schweizer Künstlerin Anita Guidi ihren ganzen Besitz und schifft sich in Lissabon nach Rio de Janeiro ein, um ins Amazonasgebiet zu reisen – ein lang gehegter Traum.
Foto: Armin Caspar, 1948, zVg Celia Caspar, Zürich

I: Sagte Caspar sofort zu?
B: Die Reise reizte ihn, obwohl er Bedenken hatte, sowohl was das Alter und die Erfahrungen als auch seine Verantwortung gegenüber Anita Guidi anging: Sie war damals 55 Jahre alt. Er kontaktierte einen Bekannten, Inocêncio Machado Coelho, den Direktor des Museums Goeldi in Belém, um sich über die Herausforderungen der Reise zu orientieren. Der Direktor befand, es sei wichtig, bestehende Vorurteile über Indigene zu korrigieren und humanitäre Werte zu vermitteln.

I: Sie brachen also 1945 auf.
B: Die Reiseroute mit dem Schiff auf dem Amazonas ins Landesinnere ging über Manaus. In Manaus war einer seiner Kontakte der lokale Verantwortliche der Indianerschutzbehörde. Mit ihm diskutierten sie mögliche Reiseziele. Letztendlich fiel die Wahl auf das Gebiet des oberen Rio Negro. Von Belém nach Manaus sind es über 1500 Kilometer und von dort bis an die kolumbianische Grenze weitere 1300 Kilometer. Für die Schiffsreise von Manaus nach São Gabriel da Cachoeira benötigten sie zwölf Tage. Das ist die Grenzstadt oder der Zugang zum oberen Rio Negro. Insgesamt verbrachten sie fünfeinhalb Monate am Rio Negro.

I: Und was fanden sie vor?
B: Das Gebiet des Rio Negro ist eines der faszinierendsten Gebiete im Nordwesten Amazoniens beidseits der Grenzen zwischen Kolumbien und Brasilien. Dort leben 27 verschiedene indigene Gruppen. Das Besondere ist, dass die meisten Gruppen in engem wirtschaftlichem und rituellem Austausch stehen, ähnliche Mythologien, Rituale, materielle Kulturen und Subsistenzaktivitäten haben, obwohl sie unterschiedliche Sprachen sprechen. In der Mythologie spielen Landwirtschaft, Kulturpflanzen und Flüsse wie der Rio Negro eine grosse Rolle. Es ist aber eine Region, die je nach Gebiet schon sehr lange Kontakt mit den Kolonialgesellschaften oder Missionen hatte. Ein historisch grosser Einschnitt war Ende des 19. und Anfang des 20. Jahrhunderts die Ausbeutung des Kautschuks für den Weltmarkt. Die indigene Bevölkerung wurde von den Kautschukbaronen versklavt oder fiel Massakern zum Opfer. Armin Caspar beschreibt 1945 die indigenen Gesellschaften aber als intakt und die Menschen als sehr hilfsbereit.

I: Wie würden Sie das Verhältnis der Tukano zu ihrer Umwelt – zum Wald – beschreiben?
B: Die dort lebenden Menschen unterscheiden nicht wie wir Natur und Kultur. Verschiedene Daseinsformen wie Pflanzen, Tiere, Menschen, Dinge und andere Wesen teilen sich die Welt. Der Mensch versucht nicht, sie zu beherrschen. Im Einzugsgebiet des Rio Negro existiert eine Vielzahl von Vegetationstypen und Naturlandschaften. Dazu gehören die höher gelegenen Terra-Firme-Wälder und die Igapó-Wälder, die einen Grossteil des Jahres überflutet sind. Die indigene Bevölkerung nutzt die verschiedenen Zonen, um das ökologische Gleichgewicht zu bewahren. Die Pflanzungen werden hauptsächlich auf der Terra Firme angelegt. Dafür wird der Wald gerodet, um Pflanzen wie Maniok oder Koka anzubauen, die als Nahrungsmittel oder Heilpflanzen dienen. Nach einigen Jahren wird die Pflanzung aufgegeben, sodass der Wald die Fläche zurückgewinnt. Es sind Mischkulturen, die sich beim Wachstum und der Versorgung von Nährstoffen gegenseitig ergänzen. Heute würde man die jahrhundertealten indigenen Wirtschaftsformen als lokal angepasst und nachhaltig beschreiben.

I: Was hat Guidi dort gemalt?
B: Auf ihren Bildern sind die Folgen des vergangenen Kautschuk-Booms zu sehen. Sie malte zurückgebliebene Ruinen, verlassene Häuser der Kautschukunternehmer oder -sammler. Sie hielt aber auch die lokalen Varianten der indigenen Bauweise, die Maniokverarbeitung und den Alltag fest. Das Gemeinschaftshaus ist in der Region sehr wichtig, weil es das Universum im Kleinen darstellt. Die präzise Dokumentation macht die ethnografische Bedeutung ihrer Arbeit im oberen Rio-Negro-Gebiet aus.

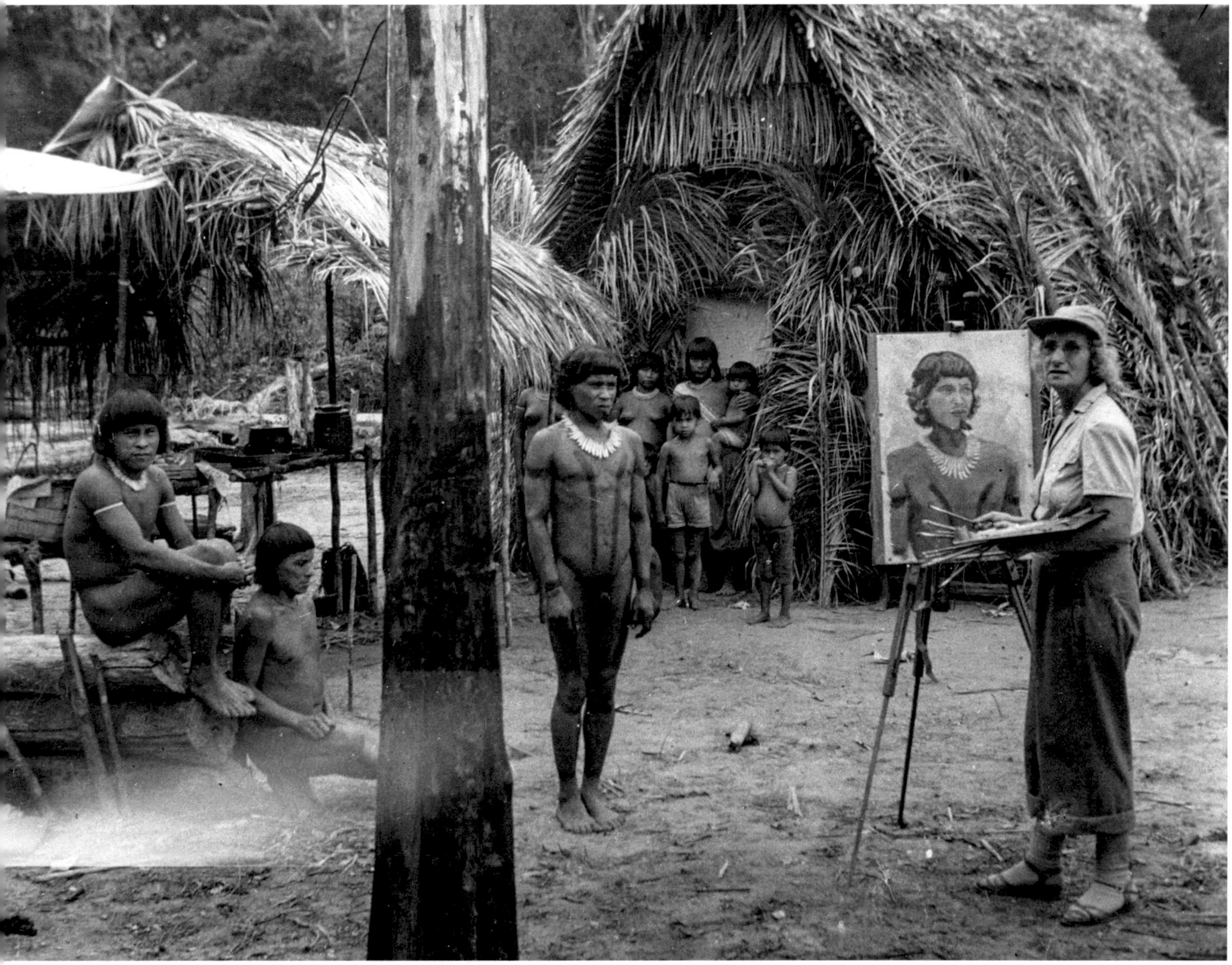

I: Caspar brachte von diesen Reisen Gegenstände mit.
B: In Amazonien spielt der Austausch von Gütern in zwischenmenschlichen Beziehungen eine wichtige Rolle: Dinge werden getauscht oder verschenkt. Letzteres ist für einige Objekte von Caspar dokumentiert. Das Museum der Kulturen steht in Kontakt mit verschiedenen Organisationen und Gemeinschaften in Kolumbien und Brasilien. Ethnologen legen heute offen, was in Schweizer Museen aufbewahrt wird. Probleme wie der Umgang und die Bewahrung von Dingen, die die indigenen Gemeinschaften als ihr Kulturerbe oder im Fall von Ritualobjekten als beseelt betrachten, werden diskutiert. Sie betonen, dass Objekte eine Wirkkraft haben und kulturelle Botschafter sind – Botschafter, um auf ihre Interessen und auf ihre aktuelle Situation aufmerksam zu machen.

I: Was geschah nach ihrer Rückkehr nach Rio?
B: Anita Guidi zeigte 1946 in Rio de Janeiro eine Ausstellung im Rahmen der «interamerikanischen Woche der Indigenen». Ziel der Ausstellung war es, im urbanen Brasilien auf die Situation der Indigenen aufmerksam zu machen. Cândido Mariano da Silva Rondon, einer der Gründer des Indianerschutzdienstes, stellte später fest, dass es Guidi gelungen war, vorhandene Vorstellungen zu korrigieren. Ihre ethnografische Arbeit hielt er für kunst- und nationalhistorisches Kulturgut.

I: Welche Stellung nimmt der Wald in der Arbeit von Caspar und Guidi ein?
B: Caspar und Guidi betonten die Bedeutung des Waldes für die Indigenen – so wie das Bruno Manser 50 Jahre später tun sollte. Es ist nicht «nur» ein Wald, sondern es ist der Lebensraum von Menschen. Guidis Objektsammlung und Gemälde waren ihre Vermittlungsmedien: Sie hat später in der Schweiz ihre Arbeiten Schulklassen gezeigt und Caspar organisierte Ausstellungen. 1991–1992 zeigte das Völkerkundemuseum der Universität Zürich die Sammlung, um auf die Situation der Indigenen am Beispiel der Ka'apor aufmerksam zu machen.

Bei den Ka'apor

Ihre zweite Reise ins Amazonasgebiet führt Anita Guidi und Armin Caspar zum Volk der Ka'apor – Menschen des Waldes –, von denen Guidi mehrere Porträts malt.

Anita Guidi, ohne Titel (Ka'apor, Aldeia Tuxaua-Piarú, Rio Gurupi, Maranhão, Brasilien), Öl auf Leinwand, 1948.
Sammlung Armin Caspar, Museum der Kulturen Basel, IVc26865

I: Es kam zu einer zweiten Reise?

B: Anita Guidi kontaktierte Armin Caspar 1948, weil sie eine weitere Reise in indigene Gebiete plante. Dieses Mal besuchten sie die Ka'apor, die von der Presse in Brasilien als eine «wilde und mordende Indianergruppe» beschrieben wurden. Familiengruppen der Ka'apor setzten sich mit Gewalt gegen die Kolonisierung zur Wehr. Sie waren aus Zentralbrasilien vor über 200 oder 300 Jahren immer weiter nach Osten geflohen, um sich vor der ausbreitenden Kolonisierung um den Fluss Gurupi in den heutigen Bundesstaaten Pará und Maranhão zurückzuziehen. Dort schlossen die Ka'apor 1928 mit der Indianerschutzbehörde Frieden. Damit kamen aber immer mehr Siedler in die Region, die tödliche Krankheiten mitbrachten, an denen bis zu 90 Prozent der Ka'apor starben. Ab den 1940er Jahren wuchsen die Ortschaften, und das Land wurde durch den Bau von Telegrafenlinien erschlossen. Dagegen wehrten sich die Ka'apor. Caspar und Guidi wollten die Situation vor Ort anschauen und wandten sich deshalb an die Indianerschutzbehörde und an den Gouverneur. Sie konnten ehemalige Mitarbeiter der Indianerschutzbehörde als Führer gewinnen und eine Trägerkolonne zusammenstellen. Sie hatten sich bewusst entschieden, keine Gewehre mitzunehmen, um ihre friedlichen Absichten zu verdeutlichen. Nach zwei oder drei Tagen stiessen sie auf eine Gruppe Ka'apor. Deren Chief Piarú nahm sie in seine Siedlung mit. Anita Guidi malte bei diesem Aufenthalt vor allem Porträts. Piarú schenkte Armin Caspar einen Kopfschmuck, den nur die Chiefs tragen. Caspar sollte der Welt die Bedeutung des leuchtenden Federschmucks erklären: «Zeigt euren weissen Brüdern und Schwestern der Welt, in der ihr lebt, meinen leuchtenden Federschmuck, erklärt seine Bedeutung und lasst sie gleichzeitig wissen, dass der Indio nicht derjenige ist, wofür ihn der weisse Mann zu halten pflegt, der uns und unseren unschuldigen Frauen und Kindern weiterhin viel Leid zufügt, uns wegnimmt und zerstört, was ihm nicht gehört», so Chief Piarú.

I: Was bedeutet der Federschmuck?

B: Eine mythische Geschichte der Ka'apor beschreibt, wie die Chiefs zu diesem Federkopfschmuck gekommen sind. Einer ihrer Urväter trug ihn, um den Ka'apor die Kultur und das Feuer zu bringen und die Werte des Mannes zu vermitteln. Die geschmückten Chiefs werden so an die Tugenden und ihre Verantwortung erinnert. Federn haben aber auch noch eine symbolische Bedeutung. Bei vielen Kulturen des Amazonas sind die gelben oder roten Federn die Kraft der Sonne. Erst das Tragen von Federn und Köperbemalung macht ihre Träger zu Ka'apor. Bei uns gilt: Kleider machen Leute, bei den Ka'apor machen Federn Menschen. Der Federschmuck wird vor allem bei wichtigen Ritualen wie der Namensgebungszeremonie getragen, bei der die Kleinkinder Teil der Gemeinschaft werden.

Federn als Geschenk

Die gastgebenden Ka'apor schenken Anita Guidi und Armin Caspar leuchtenden Federschmuck, den sie später in die Schweiz bringen. Federn haben bei den Ka'apor eine symbolische Bedeutung und werden bei wichtigen Anlässen getragen.

Männergürtel
Ka'apor, 1948, Aldeia Tuxaua-Piarú, Rio Gurupi, Maranhão, Brasilien.
Sammlung Armin Caspar, Museum der Kulturen Basel, IVc 26896

Halsschmuck für Männer mit Knochenpfeife *(Awá-Tukaniwar)*, IVc 26891
Lippenschmuck für Männer *(Rembé-Pipó)*, IVc 26893

(rechts oben)
Oberarmschmuck für alle Geschlechter *(Iapu-Ruwei-Diwá)*, IVc 26909
(rechts unten)
Federkrone *(Akangatar)*, IVc 26895
Ka'apor, 1948, Aldeia Tuxaua-Piarú, Rio Gurupi, Maranhão, Brasilien.
Sammlung Armin Caspar, Museum der Kulturen Basel

I: Wie leben diese Gruppen heute?
B: Zehn Jahre nach Caspars und Guidis Reise stellte die Rodung für den Bau einer Bundesstrasse einen weiteren historischen Einschnitt für die Ka'apor dar. Mit dem Bau kamen Arbeiter und deren Familien in diese Region. 1982 wurde schliesslich ein indigenes Schutzgebiet für die Ka'apor geschaffen. Dieses Gebiet ist sehr viel kleiner als ihr ursprünglicher Lebensraum. Viele Probleme in Bezug auf den Schutz der Landrechte und des Waldes sind aber bis heute aktuell. Landlose Siedler besetzen illegal Parzellen im Schutzgebiet. Der illegale Holzeinschlag zerstört die Natur in der Region. Die Goldsuche vergiftet das Wasser. Heute ist unbestritten, wie wichtig diese Territorien für den Schutz sowohl der indigenen Bevölkerung wie auch des tropischen Regenwaldes sind.

I: Und wem gehört das Land?
B: Das Amazonasgebiet wird bis heute als Landreserve gesehen, bei der die öffentliche Hand Parzellen zur Besiedlung oder für wirtschaftliche Interessen freigibt. Brasilien hat andererseits seit 1988 eine sehr fortschrittliche Verfassung mit Sonderrechten für Indigene. Darin wurde anerkannt, dass die Indigenen die ersten Bewohner Brasiliens waren und Anrecht auf die von ihnen traditionell dauerhaft bewohnten und für ihr physisches und kulturelles Weiterbestehen notwendigen Gebiete inklusive der dazu unentbehrlichen Umweltressourcen haben. Die Gebiete müssen allerdings durch den Staat ausgewiesen und die Anrechte nachgewiesen werden. Alle indigenen Territorien sollten bis 1993 demarkiert sein. In vielen Fällen sind die Verfahren jedoch nicht abgeschlossen. Der Staat Brasilien ist Eigentümer der indigenen Schutzgebiete, wobei den Indigenen der Besitz und die ausschliessliche Nutzung der dort vorhandenen Ressourcen zugestanden wird.
Aber die Realität sieht anders aus: Illegale Siedlungen werden gefördert, indigene Territorien werden nicht geschützt und die Anerkennung von Landrechtsansprüchen wurde ausgesetzt. Die aktuelle Situation der Ka'apor ist leider ein Beispiel für viele indigene Territorien. Sie leiden unter der Invasion durch Goldsucher, Fischer, Jäger, Holzfäller und unter illegalen Landbesetzungen durch Siedler. Gleichzeitig befinden sich viele Territorien in einer Art Würgegriff: Der Wald ausserhalb ist häufig bis an die Grenzen abgeholzt, die Pestizide der Landwirtschaft und die zum Schürfen notwendigen Chemikalien vergiften die Flüsse, oder Staudammprojekte graben einen Grossteil des Wassers ab.

Im Museum

Nach der Rückkehr bringen Anita Guidi und Armin Caspar den Menschen in der Schweiz das Leben der Tukano und Ka'apor durch Ausstellungen in Museen nahe. Gemälde von Anita Guidi und Objekte aus dem Amazonasgebiet werden ausgestellt.

Anita Guidi und Armin Caspar an der Eröffnung einer Ausstellung im Musée des Beaux-Arts, Lausanne, 1950.
Foto: zVg Celia Caspar, Zürich

AU CŒUR DE L'AMAZONIE

L'attrait des contrées mystérieuses, jamais ou peu explorées encore (il en reste plus qu'on ne le croit), demeure intense.

Mais ce n'est pas à l'appel de l'aventure que Mme Anita-M. Guidi, déléguée de la Société des

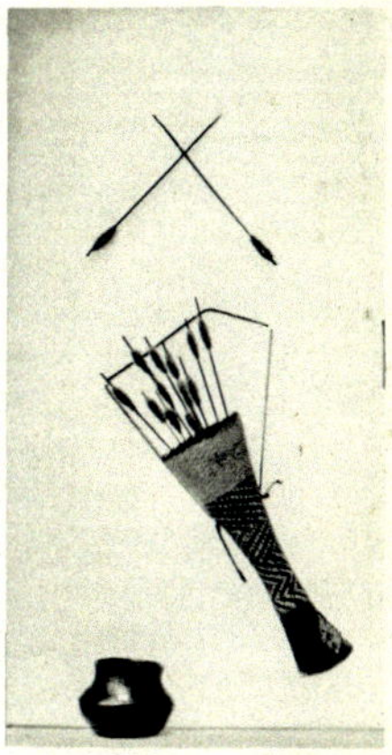

Les explorateurs n'étaient armés que de leur courage et de leur bonne volonté. Les indiens, eux, font usage avec une très grande habileté de divers types d'armes primitives, casse-tête, javelots, arcs et ces curieuses flèches, fines comme une aiguille à tricoter, longues de vingt centimètres environ, que lance la sarbacane avec une force de pénétration étonnante.

beaux-arts de Rio-de-Janeiro, originaire de Fribourg, et son guide, M. Armin-Edwin Caspar, collaborateur suisse de l'Institut brésilien pour la colonisation nationale, et organisateur de maintes expéditions, ont répondu avant de s'enfoncer, avec une vingtaine de porteurs, pendant trois ans au cœur de la Haute-Amazonie.

Ils obéissaient au plus noble des mobiles. C'est par philanthropie qu'ils remontèrent le large fleuve Amazone pour s'enfoncer peu à peu dans le désert vert de l'immense forêt vierge et parcourir plus de 10 000 kilomètres en pirogue.

Il existe en effet au Brésil un service de protection des indiens, dont le fondateur, le général da Silva Randon, est un véritable Pestalozzi. Ami des peuplades primitives, il leur a apporté, non pas les tares, les vices et l'exploitation des blancs, mais la paix, l'amitié, les bienfaits de la civilisation. Théodore Roosevelt a dit de cette personnalité rayonnante, qui fait songer au Dr Albert Schweitzer: « L'Amérique peut s'enorgueillir de deux travaux gigantesques: le canal de Panama et l'œuvre de Randon. »

Un merveilleux travail de vannerie, une corbeille, et, à gauche, un éventail destiné à activer la combustion d'un foyer à cuire la poterie.

Les explorateurs, Mme Anita-M. Guidi, artiste peintre, et M. Armin-Edwin Caspar, attaché à l'Institut brésilien pour la colonisation nationale, devant la pirogue qui les a transportés pendant trois ans, en un voyage de plus de 10 000 kilomètres.

Nos compatriotes, Mme Guidi et M. Caspar, gagnés aux idées humanitaires du général Randon, ont décidé leur voyage (en dépit de tous les avis de prudence, voire des interdictions officielles) dans le seul but d'établir des rapports amicaux avec les tribus indiennes les plus reculées, qui n'avaient jamais eu encore de contact avec les blancs.

Incidemment, ces explorateurs ont rapporté de leurs voyages une riche collection ethnographique, ainsi que plus de cent tableaux à l'huile, fixant, d'une manière documentaire et scientifique à la fois, les traits caractéristiques des peuplades rencontrées. Mme Guidi, en effet, est une artiste peintre de valeur.

Ces deux collections, l'ethnographique et la picturale, font l'objet d'une exposition temporaire au Musée des beaux-arts de Lausanne. C'est la première fois qu'une exposition de ce genre s'ouvre en Europe.

Il faut entendre, de la bouche des deux explorateurs, le récit si simple de leurs voyages, où cependant, seuls blancs et sans armes, ils risquèrent bien souvent leur vie, non seulement en raison des dangers de la jungle verte, mais surtout à cause de l'animosité qu'éprouvent les indiens à l'égard des blancs, dont ils ont appris, dès l'invasion espagnole, à connaître à leurs dépens la cruauté et les exactions.

Mais à force de diplomatie et avec beaucoup de chance, ils réussirent à se concilier les bons sentiments de ces « primitifs », dont les mœurs les remplissaient d'ailleurs de la plus vive admiration.

Ils retrouvèrent en effet, au cœur de l'immense continent vert, ce « bon sauvage » que le XVIIIe siècle, sous l'influence de Rousseau, avait appris à aimer. *Claude.*

Un «instrument», inspiré probablement du boa constrictor, qui tient du miracle inventif: c'est un tube de vannerie. On y introduit la farine de manioc pétrie d'eau et l'on tire avec force: l'eau en surplus est expulsée et la pâte est prête alors pour la cuisson.

Photo tout à gauche: L'un des tableaux de Mme Guidi, montrant une « cuisine » indigène avec la préparation complète du manioc.

Photo de gauche: Un magnifique chef, avec sa brillante décoration dont un «bouquet» de plumes aux vives couleurs fiché dans la lèvre inférieure qu'il transperce.

In der Presse

Zeitungen der deutschen und französischen Schweiz berichten wiederholt von Guidis und Caspars Expeditionen und machen die Lebenswelt der Indigenen im Amazonasgebiet einer breiteren Leserschaft bekannt.

Zeitschrift *L'Abeille*, 1950, Celia Caspar, Zürich

Ursula und Verena Regehr

Den Wald zeichnen und erinnern. Perspektiven aus dem Gran Chaco

Der Gran Chaco, südlich des Amazonasbeckens, ist das grösste bewaldete Gebiet im Tiefland Südamerikas. Der subtropische Trockenwald und die Dornbuschsavanne, die sich über 1 Million Quadratkilometer erstrecken, zeigen eine grosse endemische Artenvielfalt. Seit Ende der 1990er Jahre experimentieren hier indigene Kunstschaffende mit einem neuen Medium: Sie zeichnen mit Kugelschreiber auf Papier und malen mit Acrylfarben auf Holz. Die Zeichner sind Autodidakten und besitzen nur wenige Jahre formale Bildung. Sie gehören zu den Sprachgruppen der Nivacle und Guarani und leben in den Siedlungen Cayin ô Clim, Campo Alegre und Yiclôcat am Rande der Mennonitenkolonien.

In den Repräsentationsformen aus dem Chaco ist der Wald zentral. Tiere und Bäume sowie die menschlichen Subsistenztätigkeiten des Jagens und Sammelns zählen zu den beliebtesten Motiven der Darstellung. Sie zeigen, dass die Verbindung zum Wald und den Wesen, die ihn bewohnen, für die Nivacle und Guarani wichtig geblieben ist, obwohl sich ihr Leben durch die Kolonisierung und Sesshaftmachung seit ein oder zwei Generationen umfassend verändert hat.

Die Zeichnungen visualisieren nicht nur die grundlegende und vielfältige Bedeutung des Waldes für die indigenen Formen des In-der-Welt-Seins im Chaco, sondern erzählen auch von den Beziehungen, die sie mit Tieren, Vögeln, Insekten, Bäumen und Pflanzen sowie weiteren nicht menschlichen Wesen unterhalten. Diese Koexistenz ist gegenwärtig von der massiven Abholzung bedroht, die sowohl das Leben der Menschen, ihre Beziehungen und die Landschaft des Chaco irreversibel transformiert.

Jagen und Sammeln: Vom Wald leben

Dichter Trockenwald und stachlige Dornbuschsavanne, unterbrochen von sandigen Kämpen mit hohen Bäumen und lehmigen Niederungen bilden die charakteristische Landschaft des inneren Chaco. Die Zeichnungen von Marcos Ortiz führen ins Innere des Trockenwaldes (Abb. 2–3). Sein undurchdringliches Dickicht bildet den Lebensraum und Rückzugsort der Tiere. «Wildschweine leben in Herden und suchen mit ihren Jungen nach Futter im Wald. Sie mögen die Früchte der Säulenkaktee und die Schoten des Algarrobo. Während des Tages suchen die Tiere den Schatten. Wenn es sehr heiss ist, ruhen sie unter grösseren Bäumen. Deshalb wissen die Jäger, wo sie Wild finden können», erklärt Marcos Ortiz. Aus den präzisen Charakterisierungen spricht nach wie vor das aufmerksame Auge des Jägers; seine geduldige Beobachtung der unterschiedlichen Körper und Bewegungen der Tiere, seine detaillierte Kenntnis der jeweiligen Lebensweise und des Habitats einer bestimmten Tierart.

Der Wald nährt nicht nur Tiere, sondern seit vielen Jahrhunderten auch die Menschen. Die Nivacle bewohnten ein Territorium, das vom mittleren und oberen Lauf des Pilcomayo-Flusses im Westen bis zum Bermejo-Fluss im Süden und nach Norden bis in den inneren Chaco reichte. Jagen, Sammeln, Fischen und Brandrodungsfeldbau bildeten bis zum Chaco-Krieg

(1932–1935), der die Enteignung indigener Völker besiegelte und zum dauerhaften Kontakt mit der kolonisierenden Gesellschaft führte, die Lebensgrundlage indigener Völker.
Ein wiederkehrendes Motiv in den Zeichnungen von Osvaldo Pitoe sind die früheren Subsistenztätigkeiten (Abb. 1, 4–5). «Zeichnend erinnere ich mich an meine Eltern und an das, was sie mich gelehrt haben», sagt Osvaldo Pitoe. «Oft begleitete ich meinen Vater in den Wald, um zu jagen. Manchmal hatten wir Glück und erlegten ein Wildschwein, ein Reh; seltener einen Tapir, der viel Fleisch hat. Unterwegs sahen wir Strausse oder fanden Gürteltiere. Wenn ich in den Wald gehe, sehe ich die Tiere wie damals. Als erstes begegnete uns stets der Ameisenbär.»
Die Frauen stellt Osvaldo Pitoe beim Sammeln dar. Je nach Jahreszeit füllen sie ihre grossen Taschen mit verschiedenen Früchten, Beeren, Blättern und Wurzeln. Für die Ernährung relevant sind insbesondere die Schoten verschiedener Arten des Algarrobobaumes, Buschbohnen, Mehlbeeren, Kaktusfeigen, Bromelienknollen und Palmherzen. Gewürzt wird das Essen mit der Asche des Salzblätterstrauches und scharfem Wildpfeffer.
Das Ende der Trockenzeit kündete das Erscheinen der Plejaden, der Venus und des Orions am Nachthimmel an. Sobald der erste Regen fiel, wurde gepflanzt. Osvaldo Pitoe erinnert sich: «Meine Mutter hatte ein Feld. Sie setzte Mais, Bohnen, Kürbisse, Süsskartoffeln und Wassermelonen. Gemeinsam mit meiner Schwester kümmerte sie sich jeden Tag um die Pflanzung.»
Die Chaco-Völker jagten, sammelten und pflanzten, um zu teilen. Das Teilen der Lebensmittel und die Reziprozität bilden bis heute im Alltag der Familie und Verwandtschaft die Grundlage enger, symmetrischer und dauerhafter Verbindungen. Das Geben bringt die Achtung und Wertschätzung, die man gegenüber Verwandten und Freunden empfindet, zum Ausdruck.

Geben und Nehmen: Beziehungen zwischen Menschen und Nicht-Menschen

Die Lebensgemeinschaft des Waldes ist durch vielfältige Kreisläufe des Gebens und Nehmens verbunden. Da sich die Menschen als Teil dieser lebendigen Vereinigung betrachten, spielen ihre Beziehungen, ihre Kommunikation und ihr Umgang mit anderen, sowohl menschlichen als auch nichtmenschlichen Wesen, eine zentrale Rolle, um ein Gleichgewicht herzustellen und zu erhalten. Der Begriff der Person ist hier nicht auf ihre menschliche Form beschränkt. Bestimmte Tiere und Bäume waren den Mythen zufolge ursprünglich Menschen (Wilbert & Simoneau 1987). Sie gelten bis heute als beseelt. Die Erfahrung der Nivacle und Guarani zeigt, dass hier keine vom Menschen getrennte Natur existiert, wie im westlichen Denken.
Jorge Carema stellt in seinen Zeichnungen das Habitat der Wildbienen und die Honigsuche dar (Abb. 6). «Die Bienen leben in hohlen Baumstämmen. Hier bauen sie ihre Waben und füllen sie mit Honig. Wenn wir nach Honig suchen, beobachten wir, wo die Bienen in den Baum schlüpfen. Dort öffnen wir den Baum mit einer Axt Stück für Stück. Wenn die Bienen viel Honig haben, sind sie aggressiv. Mit dem Rauch des Feuers suchen wir sie zu besänftigen. Nachdem wir den Honig entnommen haben, schliessen wir die Öffnung wieder mit den Rindenstücken des Baumes.»
Der Honig muss sorgfältig entnommen werden, mit Respekt vor der monatelangen Arbeit der Bienen. Wenn die Bienen leiden, hört der *lhavo* (Vater oder Besitzer) seine «Kinder» klagen und bestraft diejenigen, die ihnen Leid zufügen.
Mit seinen Darstellungen visualisiert Efacio Álvarez nicht nur die Beziehungen zwischen Jäger und Beute, sondern befasst sich auch mit dem allgegenwärtigen Kreislauf des Waldes: dem Fressen und Gefressenwerden. Mit dem Nehmen und dem Verzehr von Fleisch zirkulieren Lebenskraft, Energie und Fruchtbarkeit zwischen den Wesen. Auf seinen Zeichnungen stellen Schwarzfussseriemas Blindschleichen nach (Abb. 8). Den Vögeln oder anderen Tieren im Wald lauert der Jaguar auf. Vom Jaguar, dem grössten Raubtier des Waldes, erzählt Efacio Álvarez: «Mein Grossvater sagte mir, dass der Jaguar ist wie wir, weil er weiss, wie man Tiere jagt. Für die Jäger ist er gefährlich. Wenn man ihm begegnet und ihn angreift, kämpft der Jaguar, er ist wie ein Mensch. Er ist intelligent wie wir, aber er hat eine andere Lebensweise.» Die Begegnungen mit Tieren wie dem Jaguar oder Nicht-Menschen wie dem *lhavo* zeigen, dass Wahrnehmen, Denken, Wissen und Kommunizieren nicht ausschliesslich menschliche Fähigkeiten sind.

Verbindungen und Konflikte: Der Schamane als Mittler

Die Entnahme des Notwendigen zur Erhaltung des eigenen Lebens war mit grosser menschlicher Verantwortung und dem Respekt gegenüber anderen Wesen verbunden. Bei der Missachtung dieser Prinzipien wurde das fragile Gleichgewicht zwischen den Existierenden gestört und Konflikte, Krankheiten und Katastrophen drohten. Es war die Aufgabe des Schamanen, eines rituellen Spezialisten, zu intervenieren. Er vermittelte in den Beziehungen innerhalb des menschlichen Kollektivs sowie zwischen Menschen und Nicht-Menschen. Esteban Klassen, Enkel eines Schamanen, zeichnet bevorzugt Motive mit schamanischer Bedeutung: Er stellt *pôtsej* (Jabirú, Riesenstorch), der den Regen bringt, und *yi'yôôj* (Jaguar) dar (Abb. 9–10). Sie sind *t'acchaai* und *lhavtoi* (Hilfs- und Schutzgeister) des Schamanen.

Der Jaguar wird im Chaco – wie allgemein im südamerikanischen Tiefland – mit dem Schamanen assoziiert. Den Nivacle zufolge verfügt nur der *tôiyeej* (Wissende, Mächtige, Schamane) über ein aussergewöhnliches Bewusstsein und besondere Kräfte. Durch seine Lieder hat er Zugang zu den Nicht-Menschen und kann mit ihnen kommunizieren. Er besitzt die Fähigkeit zur Metamorphose, das heisst, er kann in die Hülle eines anderen Wesens oder einer Tierart schlüpfen, ohne seine Menschlichkeit zu verlieren. Den Körper des Jaguars nimmt ein *tôiyeej* an, der böse oder unmoralische Absichten hat.

Brüche und Transformationen: Prozesse der Kolonisierung

Der Kontrast und die Konflikte zwischen verschiedenen Formen des In-der-Welt-Seins in der Gegenwart bilden den Stoff der Zeichnungen des 2019 verstorbenen Eurides Asque Gómez. Er thematisierte die Brüche und Transformationen im Leben der Chaco-Völker durch die Kolonisierung im 20. Jahrhundert: die Enteignung ihrer Territorien ohne Entschädigung, die Sesshaftmachung und Christianisierung auf Missionsstationen und die Ausbeutung als billige Arbeitskräfte für die expandierende Siedlerökonomie (Abb. 7). Seine Zeichnungen visualisieren die aktuelle neokoloniale gesellschaftliche Ordnung, die durch Kirchen, Schule und Nationalstaat vermittelt wird. Konversion und Assimilationsdruck resultieren bis heute in grossen Widersprüchen und in einem inneren Gespaltensein zwischen unterschiedlichen Selbstverständnissen, Werten und Praktiken.

Der Verlust ihrer Territorien und Autonomie hatte für indigene Völker im Chaco nicht nur eine rasche Prekarisierung der Lebensbedingungen zur Folge, sondern begründet auch die bis heute fortbestehende soziale Ungleichheit. Weder die schlecht bezahlte Tagelohnarbeit, die Indigene für nicht indigene *patrones* leisten, noch die Subsistenz als Kleinbauern mit Nischenproduktion für den Markt reicht gegenwärtig zur Sicherung des ganzjährigen Unterhalts der Familien. Jagen und Sammeln wurden durch die Landnahme von Siedlern und Immigranten, durch die grossflächige Abholzung und den ideologischen Einfluss der Missionare sukzessive eingeschränkt.

Abholzung und Bienensterben: Bedrohte Existenz

Für die expandierende kapitalistische Ökonomie werden im Chaco gegenwärtig täglich über 1000 Hektar Trockenwald für die Viehwirtschaft und den industriellen Ackerbau abgeholzt. Um als Tagelöhner ihren Lebensunterhalt zu verdienen, sehen sich Indigene sowohl als Angestellte nicht indigener Arbeitgeber als auch in ihren eigenen Siedlungen gezwungen, an der Abholzung zur Errichtung von Viehweiden, Ackerfeldern oder der Herstellung von Holzkohle mitzuarbeiten. Clemente Juliuz (1972–2021) porträtierte bedrohte Tiere und setzte sich in seinen Zeichnungen mit den Konsequenzen der massiven Abholzung auseinander (Abb. 11–12). Er brachte seine Sorge um die Zerstörung des Waldes, die Waldbrände und die Verschmutzung der Luft durch Rauch und Staub, die Vertreibung und das Aussterben der Tiere zum Ausdruck. «Es schmerzt mich, zu sehen, wie sie Schneisen in den Wald schlagen. Es gibt immer weniger Tiere und wir haben Angst, dass sie ausgerottet werden. Wegen der Abholzung verlieren die Tiere ihren Lebensraum. Sie müssen fliehen, haben aber keinen Ort mehr, wo sie hingehen können.»

In einer umfangreichen Serie beschäftigte sich Clemente Juliuz mit Wildbienen und Wespen. Ihr Honig ist ein wichtiger Bestandteil der Ernährung der Nivacle. Wegen der grossflächigen Abholzung und Verwendung von Agrochemikalien hat auch im Chaco bereits das Sterben der endemischen Wildbienenarten eingesetzt. Das Verschwinden der Bienen ist ein Zeichen des gestörten Gleichgewichts in den Beziehungen zwischen Menschen und Nicht-Menschen und der Gefährdung der Reproduktion des Lebens.

Abb. 1: Osvaldo Pitoe, ohne Titel, 2018.
Sammlung Artes Vivas, Verena Regehr Gerber

Zeichnen und Erinnern: Die Bedeutung des Waldes

Gerade angesichts einer Gegenwart, die von Verlust und Zerstörung geprägt ist, gewinnt das Zeichnen und Erinnern des Lebens im Wald an Bedeutung. Die Zeichnungen verweisen – in einer äusserst prekären Situation – auf die Präsenz der Fülle, Vielfalt und Schönheit des Trockenwaldes. Ebenso rufen sie die Verwundbarkeit und die aktuelle Bedrohung des Waldes durch die menschlichen Aktivitäten ins Bewusstsein. Clemente Juliuz sagte, er zeichne gegen das Vergessen: Er wolle daran erinnern, dass die Bäume und der Wald für das menschliche Überleben und Gedeihen unerlässlich sind.

Auch für Efacio Álvarez ist der Wald von zentraler Bedeutung: «Im Wald fühle ich mich wohl. Dort habe ich durch Beobachten selber zeichnen gelernt. Wenn ich zeichnen will, erinnere ich mich an meine Eindrücke, an Bäume und Tiere, die ich gesehen habe. Ich erinnere mich an diese inneren Bilder und dann beginne ich zu zeichnen.» Er fügt hinzu: «Ohne den Wald können die Tiere nicht leben, sie sterben. Auch wir leiden unter der massiven Abholzung.»

Das Verschwinden des Waldes gefährdet auch die Grundlage der indigenen Formen des In-der-Welt-Seins. Für Eurides Asque Gómez war das Zeichnen eine vertiefte Auseinandersetzung mit der Vergangenheit, der eigenen Geschichte und Identität. «Ich zeichne, damit unsere Lebensweise nicht verloren geht. Zum Glück hat mir mein Grossvater viel von früher erzählt. Ich möchte mit meinen Zeichnungen Wissen und Erfahrungen unserer Grosseltern und Vorfahren an Kinder und Jugendliche weitergeben. Ich werde teilen, was ich weiss, damit sie weiterhin als Nivacle leben können. Sie sollen später, wenn sie selber Grosseltern sind, nicht bereuen, ihren Eltern nicht zugehört zu haben und nichts über ihre Vorfahren zu wissen.»

Abb. 2: Marcos Ortiz, ohne Titel, 2020.
Sammlung Artes Vivas, Verena Regehr Gerber

Abb. 3: Marcos Ortiz, ohne Titel, 2019.
Sammlung Artes Vivas, Verena Regehr Gerber

Abb. 4: Osvaldo Pitoe, ohne Titel, 2015.
Sammlung Artes Vivas, Verena Regehr Gerber

Abb. 5: Osvaldo Pitoe, ohne Titel, 2016.
Sammlung Artes Vivas, Verena Regehr Gerber

Abb. 6: Jorge Carema, ohne Titel, 2017.
Sammlung Artes Vivas, Verena Regehr Gerber

Abb. 7: Eurides Asque Gómez, ohne Titel, 2017.
Sammlung Artes Vivas, Verena Regehr Gerber

Abb. 8: Efacio Álvarez, ohne Titel, 2019.
Sammlung Artes Vivas, Verena Regehr Gerber

Abb. 9: Esteban Klassen, ohne Titel, 2018.
Sammlung Artes Vivas, Verena Regehr Gerber

Abb. 10: Esteban Klassen, ohne Titel, 2016.
Sammlung Artes Vivas, Verena Regehr Gerber

Abb. 11: Clemente Juliuz, ohne Titel, 2019.
Sammlung Artes Vivas, Verena Regehr Gerber

Abb. 12: Clemente Juliuz, ohne Titel, 2018.
Sammlung Artes Vivas, Verena Regehr Gerber

Noëmi Crain Merz

Ausserhalb des Rechts. Die Ausbeutung von Mensch und Natur im Amazonasregenwald

Was der junge US-amerikanische Ingenieur Walter Hardenburg 1908 im Amazonasgebiet zu sehen bekommt, erschüttert ihn zutiefst: Männer, so «dünn, ausgezehrt und abgemagert», dass sie eher «Geistern als Menschen» gleichen, schleppen auf ihren gebeugten Rücken enorme Lasten Kautschuk aus dem Regenwald. Zeigt die Waage ein zu geringes Gewicht, werfen sie sich vor ihren Aufsehern zu Boden in Erwartung von Peitsche, Kugel oder Machete. Ihre drakonischen Strafen wird Hardenburg wenig später im Buch *The Putumayo. The Devil's Paradise* beschreiben. Meist erhalten die Arbeiter vor den Augen ihrer Frauen und Kinder «fünfzig Peitschenhiebe mit Geisseln, bis ihnen das Fleisch in Streifen vom Körper fällt, oder sie werden mit Macheten in Stücke geschnitten».

Profit auf dem Rücken von versklavten Menschen

Hardenburg ist auf dem Weg nach Brasilien, um an einem Eisenbahnprojekt zu arbeiten. Seine Route führt ihn durch das Grenzland zwischen Peru und Kolumbien um den Río Putumayo. Im streng abgeschotteten Einflussgebiet des Unternehmers und «Kautschukbarons» Julio César Arana, der die Peruvian Amazon Rubber Company leitet, wird er entführt und in Gefangenschaft Zeuge von grausamen Misshandlungen der Arbeiterinnen und Arbeiter. Die Ausbeutung der Indigenen als Arbeitssklaven ist zu dieser Zeit weitverbreitet im Amazonas. Um die Jahrhundertwende boomt der Handel mit Kautschuk, der von Bäumen im Regenwald geerntet wird. Mit Gewalt holen sich skrupellose Unternehmer billige Arbeitskräfte aus den dort ansässigen indigenen Gemeinschaften, von denen die meisten bisher kaum Kontakt zu Weissen gehabt haben. Durch eine Art Schuldknechtschaft werden sie in sklavischer Abhängigkeit gehalten. Tausende finden bei der Arbeit oder durch ihre Aufseher einen grausamen Tod – im von Arana kontrollierten Gebiet ebenso wie in Teilen Brasiliens.
Nachdem der US-amerikanische Chemiker Charles Goodyear 1839 ein Verfahren entwickelt hatte, mit dem Naturkautschuk zu elastischem Gummi verarbeitet werden konnte, stieg die Nachfrage nach dem Rohstoff in den Industrienationen rasant an. Man verwendete ihn zur Produktion von Schuhen, Sohlen, wasserfesten Materialien oder Gartenschläuchen und, als 1888 Gummireifen erfunden wurden, für Fahrräder und Autos. Diese liessen Nachfrage, Preise und Produktion des Kautschuks nochmals massiv in die Höhe schnellen.

Versklavt

Anfang des 20. Jahrhunderts werden Indigene unter brutalsten Bedingungen für das Sammeln von Kautschuk zwangsrekrutiert und versklavt.

Aus: W. E. Hardenburg: *The Putumayo. The Devil's Paradise. Travels in the Peruvian Amazon Region and an Account of the Atrocities Committed Upon the Indians Therein.* Herausgegeben und mit einer Einführung von C. Reginald Enock. London 1912

Um die Jahrhundertwende streichen Aktionäre der Kautschuk verarbeitenden Firmen grosse Gewinne ein, so auch jene der Peruvian Amazon Rubber Company. Die Firma ist in London ansässig, in ihrem Verwaltungsrat sitzen britische Staatsbürger. So begibt sich Hardenburg, sobald er aus Aranas Einflussgebiet entkommen kann, in die Themsestadt, um das menschenverachtende Vorgehen der Firma öffentlich zu machen. In der kleinen investigativen Zeitschrift *Truth* erscheint sein Artikel am 22. September 1909 und löst einen öffentlichen Aufschrei aus. Nicht nur die Anti-Slavery and Aborigines' Protection Society (heute: Anti-Slavery International), sondern auch der Druck der Öffentlichkeit bringen die Regierung dazu, eine Untersuchung in Auftrag zu geben, obwohl die Firma und die peruanische Regierung alle Anschuldigungen kategorisch zurückweisen. Dem Diplomaten Roger Casement, der bereits im Kongo einen Bericht über Menschenrechtsverletzungen verfasst hat, gelingt es trotz erheblicher Behinderungen seitens der Firma, mit Augenzeugen und Angestellten zu sprechen. Nach seiner Rückkehr zeichnet er vor dem Parlament ein Bild unvorstellbarer Brutalität gegenüber Indigenen, die «keinerlei Menschenrechte und noch weniger zivile Rechte» hätten und gejagt würden «wie wilde Tiere». Er erreicht immerhin, dass die Verantwortlichen, unter ihnen Arana selbst, vor dem britischen Unterhaus aussagen müssen.

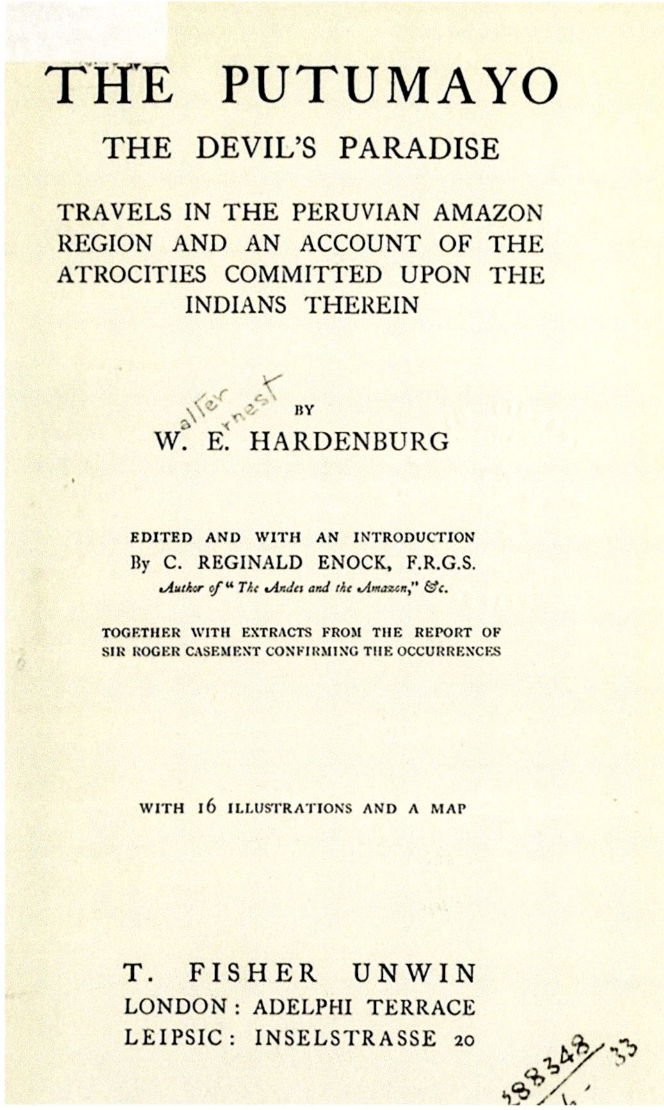

THE PUTUMAYO

THE DEVIL'S PARADISE

TRAVELS IN THE PERUVIAN AMAZON REGION AND AN ACCOUNT OF THE ATROCITIES COMMITTED UPON THE INDIANS THEREIN

BY

W. E. HARDENBURG

EDITED AND WITH AN INTRODUCTION
By C. REGINALD ENOCK, F.R.G.S.
Author of "The Andes and the Amazon," &c.

TOGETHER WITH EXTRACTS FROM THE REPORT OF SIR ROGER CASEMENT CONFIRMING THE OCCURRENCES

WITH 16 ILLUSTRATIONS AND A MAP

T. FISHER UNWIN
LONDON: ADELPHI TERRACE
LEIPSIC: INSELSTRASSE 20

Das Paradies des Teufels

Der amerikanische Ingenieur W. E. Hardenburg bringt die erbarmungslose Ausbeutung der indigenen Kautschuksammler an die Öffentlichkeit und löst eine Untersuchung aus.

W. E. Hardenburg: *The Putumayo. The Devil's Paradise. Travels in the Peruvian Amazon Region and an Account of the Atrocities Committed Upon the Indians Therein.* Herausgegeben und mit einer Einführung von C. Reginald Enock. London 1912

Die Versklavung der indigenen Bevölkerung Amerikas

Seit Jahrhunderten ist die wirtschaftliche Ausbeutung der Rohstoffe im Amazonasgebiet eng mit der Unterdrückung der dort lebenden indigenen Bevölkerung verknüpft. Schon früh machten sich europäische Kolonisatoren zu Expeditionen in den Regenwald auf, in der Hoffnung auf Goldfunde – auf ein «Eldorado». Diese Hoffnung zerschlug sich zwar, doch bald liessen sich erste Europäer in den küstennahen Regionen um die Amazonasmündung nieder und bauten Zuckerrohr an. Die Arbeitskräfte rekrutierten sie wie in anderen Gegenden aus der indigenen Bevölkerung, meist durch Zwang.

Kautschukboom

In den Industrienationen profitiert die Bevölkerung vom Kautschukboom. Die entsetzlichen Arbeitsbedingungen der Kautschuksammlerinnen und -sammler werden von den Produzenten verschwiegen.

Liebig's Fleisch-Extract, Kautschuksammler am Amazonas, um 1900. Foto: Keystone/Interfoto/TV-Yesterday

H - EXTRACT.

Zerstörung des Lebensraums
Der deutsche Maler Johann Moritz Rugendas reist im 19. Jahrhundert mehrfach nach Südamerika und dokumentiert zeichnerisch dortige Entwicklungen wie Begegnungen zwischen der indigenen Bevölkerung des Amazonas und weissen Siedlern.

Johann Moritz Rugendas, *Europäische Reisende begegnen den Indianern,* aus: *Das Merkwürdigste aus der malerischen Reise in Brasilien.* Schaffhausen 1836.
Zentralbibliothek Zürich, Sign. CX 2113

Im Gegensatz zu den unzugänglichen Regionen im Innern des Amazonas, die lange vor dem Zugriff der Kolonisatoren verschont blieben, lockte in grossen Teilen des amerikanischen Doppelkontinents die Aussicht auf schnellen Profit dank reicher Bodenschätze. Früh entstand hier ein Wirtschaftssystem, das auf der unbezahlten Arbeit von versklavten Menschen basierte. Schon vor der Ankunft der Spanier wurde Sklaverei in manchen indigenen Gemeinschaften praktiziert. Die kulturellen Kontexte unterschieden sich dabei stark: Versklavt wurden zum Beispiel Kriegsgefangene oder auch Schuldner aus der eigenen Ethnie. Die Europäer konnten somit auf bestehende Netzwerke und Vermittler zurückgreifen, doch sie veränderten die Art der Sklaverei. Sie schufen ein System, das rigoros auf wirtschaftlichen Profit ausgerichtet war. Menschenhandel wurde zum Business.

Dies hatte für die indigene Bevölkerung fatale Folgen. In seinem Buch *The Other Slavery* hat der Historiker Andrés Reséndez unlängst nachgewiesen, dass die Sklaverei viel mehr zur weitgehenden Ausrottung der indigenen Bevölkerung Amerikas beigetragen hat als gemeinhin angenommen. Oft werden hauptsächlich von Europäern eingeschleppte Krankheitserreger, insbesondere die Pocken, dafür verantwortlich gemacht. Das Immunsystem der indigenen Frauen und Männer sei dagegen machtlos gewesen. Doch dies ist nur ein Teil der Wahrheit. Die entsetzlichen Bedingungen, unter denen versklavte Menschen arbeiten mussten, trugen ebenfalls entscheidend zum massiven Rückgang der Bevölkerung bei. Früh sprachen sich einzelne Ver-

Konflikt zwischen Indigenen und Weissen
Immer wieder kommt es zu brutalen bewaffneten Auseinandersetzungen, wenn die Europäer auf der Suche nach Bodenschätzen auf indigene Gemeinschaften im Regenwald treffen.
Johann Moritz Rugendas, *Guerillas,* aus: *Das Merkwürdigste aus der malerischen Reise in Brasilien.* Schaffhausen 1836.
Zentralbibliothek Zürich, Sign. CX 2113

treter der katholischen Kirche, etwa der Dominikanermönch Bartolomé de las Casas, dezidiert gegen die Versklavung der Indigenen aus; mit zwiespältigem Erfolg. Gesetzlich wurde sie – im Gegensatz zum transatlantischen Sklavenhandel, bei dem Menschen aus Afrika in die «Neue Welt» verschleppt wurden – schon im 16. Jahrhundert verboten. Dies schaffte sie jedoch nicht aus der Welt, sondern machte sie aufgrund ihrer Illegalität weitgehend unsichtbar – auch in den historischen Quellen. Von der Geschichtsschreibung ist sie in der Folge lange vernachlässigt und marginalisiert worden.

Im rechtlosen Raum

In den abgelegenen Regionen des Amazonasgebiets kam die Sklaverei erst dann auf, als auch im finsteren Regenwald Profit zu machen war: während des Kautschukbooms. Was dort zu Beginn des 20. Jahrhunderts geschah, ist einem entfesselten Raubtierkapitalismus, der Unzugänglichkeit des riesigen Gebiets und den schwachen rechtlichen Strukturen zuzuschreiben. Trotz Roger Casements detailliertem Bericht über die Gräuel der Peruvian Amazon Rubber Company kamen die Verantwortlichen ohne Verurteilung davon. Julio César Arana starb 1952 hochbetagt als angesehener Mann. Er hatte nach der Auflösung seines Unternehmens in Peru als Senator Karriere in der Politik gemacht. Für seine Verbrechen wurde er nie zur Rechenschaft gezogen. Ähnliche Erfahrungen mit dem Rechtssystem haben viele indigene Amazonasvölker gemacht.

Reichtum durch Ausbeutung

Indigene Menschen verlieren ihren Lebensraum und werden von westlichen Firmen ausgebeutet. Sogenannte «Kautschukbarone» häufen enormen Reichtum an.

Kautschuksammler aus Brasilien im späten 19. / frühen 20. Jahrhundert. Foto: Keystone/The Granger Collection

Erfolgreicher Kampf

Nemonte Nenquimo vom Volk der Waorani klagt erfolgreich gegen den ecuadorianischen Staat und verhindert dank dem Entscheid des Gerichts von Puyo, Ecuador, 2019 die Förderung von Erdöl in einem Naturschutzgebiet im Amazonas.

Foto: Keystone/AP Photo/Dolores Ochoa

Wenig erstaunlich ist daher ihr Vertrauen in staatliche und rechtliche Strukturen gering. Bei Landraub oder bewaffneten Überfällen, selbst bei Massakern, die zur kollektiven Erinnerung vieler indigener Gemeinschaften im Amazonas gehören, wird der Staat bis heute meist mehr als Bedrohung denn als Schutz wahrgenommen. In Gebieten, in denen der Rechtsstaat kaum existent ist, leben auch heute Menschen, die wie Sklaven auf grossen Plantagen schuften. Das System funktioniert ähnlich wie während des Kautschukbooms: Tagelöhnerinnen und Tagelöhner geraten durch finanzielle Abhängigkeit in eine Art Schuldknechtschaft, aus der sie allein nicht mehr herauskommen.

Oft handelt es sich um Menschen, die das Land, auf dem ihre Familien gelebt hatten, verloren oder verlassen mussten. Rinderzüchter und Sojagrossbauern haben ein Interesse daran, ihre Nutzfläche zu vergrössern, was sie in Konflikt bringt mit den Menschen, die das Land bewohnen. Für diese ist Land nicht ein Grundstück, das man besitzt, oder eine wirtschaftliche Ressource, sondern der Lebensraum, in dem sie wie schon ihre Vorfahren zu Hause sind. Ihren Lebensraum möchten sie möglichst unverändert an die nächste Generation weitergeben. Ihn in rechtlichem Sinn als ihr Eigentum bezeichnen zu dürfen, hat hingegen keine Priorität. Immer wieder haben sie mit Landräubern oder illegalen Holzfällern zu kämpfen, die sich Territorien aneignen und sie entwalden wollen.

Frauen an vorderster Front

Ohne Schutz durch den Staat organisieren sich indigene Gesellschaften zunehmend selbst. Ein Beispiel ist die 2014 gegründete Gruppe der Guerreiras da Floresta, der «Kriegerinnen des Waldes», aus der Volksgemeinschaft der Guajajara. Gemeinsam führen sie Patrouillen an den Dorfrändern durch, um ihr Land im brasilianischen Bundesstaat Maranhão zu verteidigen. Lange agierten Frauen eher zurückhaltend, nun setzen sie sich vermehrt an vorderster Front für die Rechte der indigenen Völker und gegen die Zerstörung des Regenwaldes ein. Ihren Kampf für eine intakte Natur beschreiben sie als Engagement für ihre Kinder, für die nachfolgenden Generationen, denen sie gerade als Mütter eine gesunde Welt hinterlassen möchten. Der Kampf für die Bewahrung ihres Lebensraums und jener für Selbstbestimmung und für Menschen- und Frauenrechte gehen Hand in Hand.

Vermehrt nutzen sie modernste Mittel im Kampf für ihre Rechte. Über soziale Medien und im Rahmen internationaler Konferenzen machen sie auf ihre Situation aufmerksam. Im April 2019 erregte ein Urteil am Gericht der ecuadorianischen Provinzstadt Puyo weltweit Aufsehen. Angeführt von einer jungen Frau, errang die Alianza Ceibo, ein Bündnis indigener Gemeinschaften, einen juristischen Sieg gegen die Regierung Ecuadors, die neue Lizenzen zur Ölförderung vergeben hatte. Die Klägerin Nemonte Nenquimo stammt aus der Gemeinschaft der Waorani und ist am Río Curaray im Amazonasgebiet aufgewachsen. Sie kämpft darum, die einmalige Natur des Regenwaldes zu bewahren; die Regierung dagegen möchte durch Ölbohrungen dessen wirtschaftliches Potenzial erschliessen. Das Gerichtsurteil hält fest, der Staat Ecuador dürfe nicht eigenmächtig über das Land entscheiden, ohne die dort lebende Bevölkerung zu konsultieren. Das Urteil setzt ein Zeichen gegen die Ausbeutung von Rohstoffen und die Zerstörung der Natur, aber auch eines für die Selbstbestimmung der indigenen Gemeinschaften.

Diese leben auf eine Art, die man im Westen als nachhaltig bezeichnet: Der Natur wird so begegnet, dass sie für kommende Generationen intakt bleibt. Nicht besitzen, sondern vorübergehend bewohnen möchten sie das Land, vor dem sie grössten Respekt haben. Sie seien sicher gewesen, dass das Land ihres sei, weil sie dort lebten, meinte Nemonte Nenquimo nach dem Prozess. Sie hätten einfach nicht zulassen können, dass auf diese Weise in die Natur eingegriffen würde. Ihre Rechtsauffassung hat das Gericht bekräftigt. Das Urteil ist ein kleiner Lichtblick für die indigenen Völker im Amazonas in einer langen und aufreibenden Auseinandersetzung um das Land, das sie seit Generationen bewohnen, und im Zuge derer das Recht allzu oft nicht auf ihrer Seite stand.

Erwin Koch

Am Rand des Möglichen. Eine Erinnerung an Bruno Manser

Keine Ahnung, sehr geehrter Herr Manser, ob es dort, wo Sie nun sind, Gedächtnis gibt – keine Ahnung also, ob Sie sich erinnern an den Nachmittag im November 1994, Basel, Heuberg 25. Am Kragen Ihres Hemdes trugen Sie eine Stickerei, Edelweiss und Fahnenschwinger. Der Schmuck der Welt, die Sie zu retten vorhatten, hing an Ihren Armen, Bänder aus Fasern und Garn. Seit vier Jahren waren Sie zurück aus der Wildnis, die Ihr Leben gewesen war, sassen in Ihrem kleinen Büro, wichen keiner Frage aus.

Herr Manser, wer sind Sie?
Sie legten Ihre Stirn in Falten, schwiegen, brachen in helles Lachen aus –
Wenn ich das wüsste.
Ich bin, sagten Sie leise, das vierte von sechs Kindern meiner Eltern. 30 Jahre lang arbeitete unser Vater in Basel bei Sandoz, ich denke an seinen Schwur, er höre zu rauchen auf, sobald ein Paket Zigaretten mehr koste als 1 Franken. Als es so weit war, kaufte er sich eine letzte Stange, verbrauchte sie Stück nach Stück, hielt das Versprechen. Ich war wohl der Liebling meiner Mutter und las seltsame Bücher, *Heimatlos*, die tragische Geschichte eines Findelkindes, *Rulaman*, einen Steinzeitschinken. Ich bin der, sagten Sie, der noch heute mit Schaudern daran denkt, wie er, vielleicht acht Jahre alt, einem Kameraden hilft, Weinbergschnecken zu sammeln, arglos, naiv – und wie der andere den vollen Sack dann lustvoll über einen Stein schlägt, dreimal, viermal, fünfmal –
Ein einfaches Kind war ich nicht –
Zwar gut in der Schule, aber –

Eines Tages, da war ich bereits am Realgymnasium, hörte ich auf zu essen, drei Wochen lang. Erstmals suchte ich meine Grenzen – die Grenze des Möglichen. Dann sah ich nicht mehr ein, wozu der Mensch, Natur unter Natur, ein Haus brauchte, ich schlief fortan auf der Terrasse. Das Leben, das ich meinte, fand im Freien statt, jenseits von Teppich und Heizung.
In Ihrem Büro, Bruno Manser, hing ein Blasrohr an der Wand, daneben die Feder des Argusfasans – ständig wimmerte das Faxgerät. Der deutsche Zierfischverband freue sich, den berühmten Mann aus der Schweiz, vom englischen Observer «Robin Hood des Regenwaldes» genannt, vom spanischen El País «Tarzan in Borneo», an seine Tagung in Mühlheim an der Ruhr zu laden.
Sie holten Luft, schwiegen.
Ist das nun mein Leben?, fragten Sie. Ständig sitze ich im Zug und reise von Vortrag zu Sitzung. Manchmal, wenn mich jemand erkennt und laut bestürmt, rette ich mich in die Toilette – als ich vor Jahren aus der Dämmerung Borneos kam, blendete mich das Licht der Baumlosigkeit so sehr, dass ich es nur hinter Sonnengläsern ertrug.

Auf der Alp
Nach der Matura und einem Gefängnisaufenthalt wegen Militärdienstverweigerung verbringt Bruno Manser rund 11 Jahre auf einer Alp, wo er seine handwerklichen Fähigkeiten ausbildet.
Fotograf unbekannt, vor 1984, Bruno Manser-Fonds

Was war Ihnen, dem Basler Arbeiterkind, während Ihrer Jahre im Regenwald das Unangenehmste?
Unangenehm?
Sie stützten Ihre Ellbogen auf den alten Tisch, auf dem Sie, wenn es regnete am Rhein, die Nächte verbrachten – bei trockenem Wetter im Freien –, unangenehm, sagten Sie, sei Ihnen deshalb nichts geworden, weil Sie von den Penan, den Menschen, die Sie in Sarawak, dem malaysischen Bundesstaat auf der Insel Borneo, getroffen hätten, lernen wollten. Nur einmal, lachten Sie, habe ich fast gekotzt, als ich eine tote Wildsau fand, von Maden bereits zerfressen. Mein Freund, damals, hielt das Fleisch noch gut genug für die Hunde und wühlte in der Leiche, im braunen stinkigen Brei – und ass dann, ohne einen Finger zu waschen, mit Lust ein frisches Palmherz. Doch welches Recht, sprachen Sie in Ihr Basler Büro, November 1994, welches Recht hätte ich gehabt, den Mann mit meinem Begriff von Hygiene zu überfahren?

Wie ist es, fragte ich, zu töten?
Wer leben will, muss töten, sagten Sie – und erzählten dann von der ersten Wildsau, die Sie ums Leben brachten, um sie zu essen. Ich schoss sie an, auf zwei Beinen floh sie in eine Schlucht, ich hinterher. Das Tier, sein Blut so warm wie meines, verkeilte sich unter einem Baum, es schrie, die Augen weit, lass mich leben, lass mich leben. Ich holte mit dem Buschmesser aus, die Klinge rutschte aus dem Griff –
Was tun?
Mit der Linken hielt ich das Schwein, mit der Rechten ergriff ich einen Stein, erschlug mein Opfer – erlöste es. War ich ein billiger Mörder?
Sie schwiegen.
Der Gemeinderat von Rehetobel, Appenzell Ausserrhoden, wäre begeistert, Sie in der Mehrzweckhalle begrüssen zu dürfen.
Sie redeten davon, dass Sie, 20 geworden und auf der Jagd nach sich selbst, den Dienst in der Armee verweigerten und deshalb im Gefängnis sassen. Dass Sie, der Städter Manser, in die Berge zogen und irgendwann, es war ein Vormittag, eine Alphütte erreichten und im Dampf zwei Männer erkannten, beide über einen Kessel gekrümmt, der rot und kupfern war und voller weisser Milch. Dass dieses Bild zur Offenbarung gerann –
Unter den Fluhen des Stätzerhorns, Graubünden, war Ursprung, sagten Sie, dort waren Wurzeln, meine Sehnsucht fand endlich Station – vorerst. Sechs Sommer lang molk ich danach Kühe, war Hirt und Käser, Klauenschneider, Schreiner, Weber, allein und zufrieden, selten glücklich.

Was fehlte zum Glück?
Vielleicht, sagten Sie, lieber Herr Manser, fehlt mir das Talent dazu.
Die Grenze des Möglichen, auf deren Suche ich war, war noch weit und diffus – einmal, ich schäme mich noch heute, entdeckte ich einen Wacholderstrauch, das Stämmchen vielleicht 6 Zentimeter dick. Ich sägte es, ohne Respekt vor dem Gewachsenen, durch, um seine Jahrringe zu zählen, 147. Wie manche Gämse hatte im Lauf von anderthalb Jahrhunderten an diesem Strauch gezupft, den ich tötete, nur um zu wissen, wie alt er ist?

Bruno und Along Sega
Along Sega, Sprecher und Penanführer, warnt die Weltöffentlichkeit eindrücklich vor der drohenden Zerstörung der Regenwälder in Sarawak in Malaysia.
Foto: Erik Pauser, 1999

Ich fragte Sie: Immer wieder reden Sie von der Grenze des Möglichen –
Sie sagten: Wie wenig braucht der Mensch? Was ist wichtig? Was weisst du vom Palisander am Griff deiner Fonduegabel? Letztlich ging ich in den Dschungel, weil ich zu den Dingen, die mich in der Schweiz umgaben, keine Beziehung hatte. Woher kommt das Holz meines Tischs, das Leder meiner Schuhe, die Wolle meines Hemdes? Ich wollte wissen.

Was?
Alles. Anfang und Ende. Ich wollte zu Menschen, egal ob in Amazonien oder in Borneo, die aus sich selbst leben, die sich selbst genügen und nur besitzen, was sie selbst herstellen. Ich wollte zur Quelle des Seins. An den Saum des Lebbaren.

Und gingen erst 1990 –
Weil ich einen Hund hatte. Ich wäre bereit gewesen, für ihn zu sterben.
Sie zeigten auf ein Foto an der Wand, Ihr Hund, schwarzes Fell, daneben ein Affe aus Sarawak. Dann, Ihre Hand vor dem Mund, sagten Sie leise: Ich glaube, ich werfe mir wenig vor. Doch der Abschied von meinem Hund, damals, macht mir bis heute schlimme Nächte. Ich besorgte einem Bauern den Hof, sah nur die Arbeit, die zu tun war, nicht die Not des Hundes, der alt geworden war. Als er in die Küche pisste, die nicht meine war, schickte ich ihn aus dem Haus. Eine Woche lang suchte ich ihn im Wald, weinte, heulte, rief nach ihm, fand ihn nicht, ich hatte meinen Freund verraten, verstossen – weiter will ich darüber nicht reden.

Dann kam Borneo?
Dann kam Borneo, sagten Sie.

Erzählen Sie, bat ich.
Ich hatte einen Rucksack dabei, ein Messer. Den Rucksack stellte ich auf den Boden, kämpfte drei Stunden lang gegen den Wald, Messer gegen Busch, lief zurück, das Gepäck zu holen, ging zehn Minuten vorwärts, setzte den Rucksack hin und arbeitete wieder während dreier Stunden, ich ass wenig, schlief kaum – was braucht der Mensch zum Leben? Am zehnten Tag roch ich Rauch, ich trat zu einigen Menschen, setzte mich zu ihnen, tat, was sie taten, ass, was sie assen, ich schnitt mir die Haare nach ihrem Muster, zog die Kleider aus, den Lendenschurz an. Die Penan aber, auf die ich gestossen war, ein kleines Volk von Waldnomaden, fürchteten sich vor mir, der auf seiner Nase kleine Gläser trug, es dauerte Monate, bis ich ihr Gefährte war, ihr Freund, Teil der Familien. Ich lernte ihre Sprache, ihre Art zu denken und zu fühlen, die Penan, sagten Sie, lieber Bruno, die Penan seien die Friedfertigkeit, wir die Primitiven.
Bin ich ein Extremist?, fragten Sie im November 1994, Heuberg Nummer 25.
Ja, das bin ich. Mittelmass tötet. Ich bin Asket und Schlaraffe zugleich, ich kann hungern und schlemmen. Zog es mich wieder in die Einsamkeit, verliess ich die Penan, strich allein durch den Wald, jagte mit dem Blasrohr, fing Schlangen, hungerte, hielt im Regen aus, schlief auf Bäumen, entlang der Linie des Möglichen, und wenn ich mich dann fragte: Bruno, wozu?, wusste ich keine Antwort – und war glücklich.

Irgendwann mutiertest du vom Romantiker zum Aktivisten?
Gezwungenermassen, sagtest du, die Holzfäller kamen näher, ihr Lärm wurde laut und ständig, Kettensägen, Bulldozer, Lastwagen, der Herzschlag des Untergangs. Das wühlt in der Seele. Und also tat ich, was getan werden musste, ich half den Penan, sich für ihren Lebensraum, den Wald, zu wehren, wir stellten uns vor die Maschinen der Räuber, drohten mit Blasrohren und giftigen Pfeilen, einmal hier, einmal dort. Ich schrieb Briefe und Gesuche, lud Journalisten in den Dschungel, ich wurde verhaftet, konnte fliehen, schliesslich erklärte mich die Regierung Malaysias zur unerwünschten Person und setzte ein Kopfgeld auf mich aus.

Spätestens jetzt wurdest du in der Schweiz berühmt –
Das Gegenteil von dem, was mir wichtig ist.

1990, nach sechs Jahren im Wald, kamst du nach Basel zurück –
Weil ich dachte, mein Widerstand geschehe am falschen Ort. Und weil ich erfahren hatte, dass es meinen Eltern schlecht ging.

Erkannten sie dich noch?
Du lachtest laut, schütteltest den Kopf.

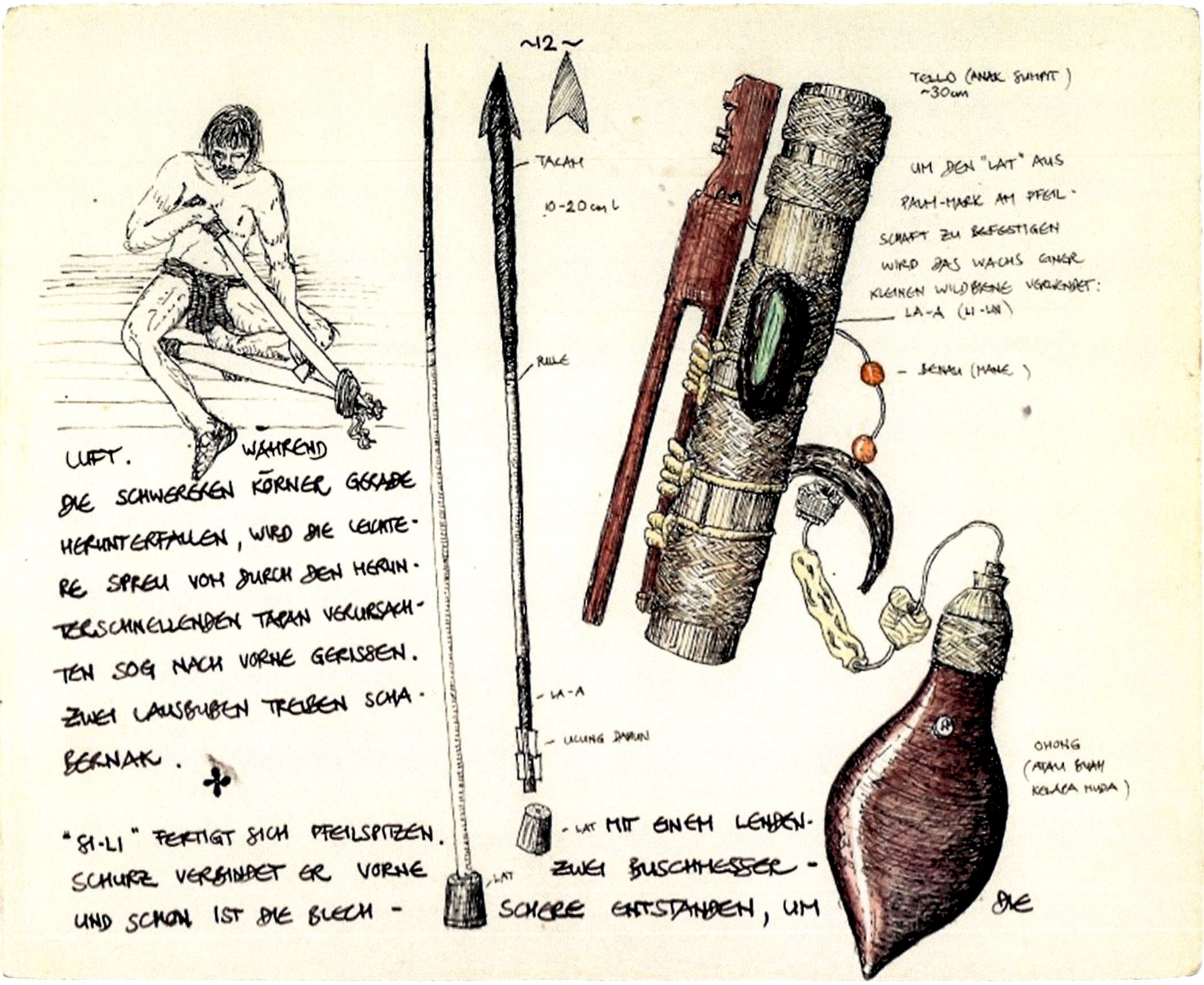

Wie ging es dann weiter?

Wie ging es weiter? Ich gründete einen Fonds, hielt Pressekonferenzen und Vorträge, verlangte ein Ende des Holzschlags in Sarawak, liess wenig unversucht, um das Los der Penan zu mildern. Im Frühling 1993 legte ich mich vor das Bundeshaus in Bern, trank nur Tee, ass täglich einen Löffel Honig, eine Schale Bouillon, sprach mit Bundesräten, schenkte ihnen Pullover, die ich gestrickt hatte, redete mit Botschaftern, um die Schweiz zu zwingen, aus dem malaysischen Bundesstaat Sarawak kein Holz mehr einzuführen, überhaupt dafür zu sorgen, dass alle Hölzer, die die Eidgenossenschaft erreichen, ihre Herkunft ausweisen. 60 Tage lang hielt ich aus –

Bruno, fragte ich, Bruno, wer bist du?

Gute Frage, sagtest du und legtest die Stirn in Falten, lachtest leise. Das war im November 1994. Du warfst dir den Rucksack über, setztest dich auf dein Rad und fuhrst hinunter zum Barfüsserplatz, nahmst das Tram zum Bahnhof, den Zug nach Genf, 15:23 Uhr, Gleis 10, immer diese Hetze, ein Vortrag nach dem andern, jeweils gekrönt mit dem Schrei des Gibbonaffen, den du beherrschtest, und dem Ruf des Argusfasans.

Wir haben uns nie mehr gesehen seither – ich las von dir.

Dass du dich 1996 in Zermatt von den Stahldrähten der Klein-Matterhorn-Bahn abseiltest, um mit dem Film, der dabei entstand, symbolisch den Sturz ins Verderben anzuzeigen, das der Erde harrt, falls die Menschheit nicht endlich anders handelt.

Im Januar 1998 warst du in New York, tauschtest dich aus mit Leuten der Weltbank und Vizepräsident Al Gore. Du übtest dich im Fallschirmspringen, sprangst zweimal mit einem Lamm, das du Gumperli nanntest, aus einem Flieger, um dann, so dein Vorhaben, am Ende des Fastenmonats Ramadan über der malaysischen Stadt Kuching, Regierungssitz von Chief Minister Taib Mahmud,

Tagebuch

Während seines Aufenthalts bei den Penan in Sarawak von 1984 bis 1990 führt Bruno Manser Tagebuch – er beschreibt und zeichnet detailgetreu, was er sieht. Es ist ein einzigartiges Zeugnis seines Lebens im Regenwald. Seine Tagebücher sind 2004 im Christoph Merian Verlag erschienen, 2019 in vierter Auflage.

Bruno Manser, Tagebuch 4. 1984, S. 12.
Museum der Kulturen Basel, Schenkung Erbengemeinschaft Bruno Manser 2021, Inv.-Nr. IIc 25507.08, Scan: Gubler AG, Märstetten, 2003, © Erbengemeinschaft Bruno Manser

Im Regenwald

Alberto Venzago besucht Bruno Manser um 1989 in Sarawak, im Regenwald bei den Penan, für eine GEO-Reportage. Die Idee dazu kommt von Bruno Manser.

Foto: Alberto Venzago, Zürich

Blockade gegen die Holzindustrie

Die Penan, die im Regenwald von Sarawak in Malaysia leben und sich durch die Holzindustrie bedroht fühlen, blockieren friedlich zusammen mit Bruno Manser eine Zufahrtstrasse.

Fotograf unbekannt, Bruno Manser-Fonds

aus dem Himmel zu fallen, wieder das Tier im Gepäck, dies als Geste des Friedens und der Versöhnung. Du wolltest dich, so las ich, für die Verletzung der Gesetze entschuldigen und einer Bestrafung nicht ausweichen, Hauptsache, die Rettung der Penan und ihrer letzten Wälder komme schnell voran – doch als du am 5. April 1998 im Flughafen Zürich standst, mit Fallschirm und Schaf, liessen die Singapore Airlines dein Gumperli, 24 Tage alt, nicht in die Maschine. Zwei Tage später, den Aufwand zu lohnen, hupftest du mit dem Lamm über Genf ins Freie, verfehltest aber das Gelände der Vereinten Nationen. In die Nähe von Taib Mahmud, Regierungschef von Sarawak, der vier Fünftel des Urwaldes hatte abholzen lassen und so reich geworden war, kamst du Ende März 1999, als du über der Residenz des Herrschers einige Runden drehtest, gehalten von einem motorisierten Gleitschirm, darauf die Wappen von Malaysia und Sarawak und die Worte: Alles Gute, Taib und Penan. Du wurdest verhaftet, verhört – dann in ein Flugzeug gesetzt, Richtung Europa.

Dein Leben, sagtest du mir im November 1994 am Heuberg 25, habe im Grunde nur einen Zweck: Die Rettung der Penan und ihrer Wälder, koste es, was es wolle.

Im Mai 2000, erschöpft von der Hetze in Rehetobel, Sachseln, Mägenwil, Grosswangen, Affoltern am Albis, Basel, Paris, München, New York, reistest du wieder nach Sarawak, heimlich, illegal, zurück in den Wald.

Seit dem 25. weiss niemand, wo du bist, Tänzer auf dem Rand des Möglichen, geboren am 25. August 1954 zu Basel am Rhein, konfessionslos, verschollen erklärt am 10. März 2005.

Bruno, hast du dort, wo du bist, je erfahren, dass ein Lebewesen, unterwegs auf acht Beinen, heimisch im Wald, der dir Anfang und Ende war, deinen Namen trägt, die Spinne *Aphosphragisma brunomanseri*?

Fallschirmsprung

1998 übt Bruno Manser einen Fallschirmsprung mit einem Lamm, das er dem Staatsoberhaupt von Sarawak als Friedensbotschaft übergeben will. Sein Fallschirminstrukteur ist Ruedi Isenschmid.

Foto: Ruedi Suter, Bruno Manser-Fonds

Pullover stricken

1993 tritt Bruno Manser in einen 60-tägigen Hungerstreik, um einen Importstopp für Tropenholz aus Malaysia zu erreichen. Auf dem Bundesplatz stricken die Streikenden Pullover für die sechs Bundesräte und die Bundesrätin. Ruth Dreifuss, frisch gewählt, strickt mit – am 16. März 1993.

Foto: Barbara Jaeckli, Bruno Manser-Fonds

Fallschirmabsprung

Am 29. März 1999 springt Bruno Manser in der Nähe der Residenz von Taib Mahmud, des Chief Minister von Sarawak, ab. Die Polizei führt ihn zurück zum Flughafen, von wo aus er über Kuala Lumpur in die Schweiz ausgeflogen wird.

Foto: John Künzli, Bruno Manser-Fonds

Andreas Spillmann

Das Dilemma der Museen

Als wir im Jahr 2019 den Wald zum Ausstellungsthema machen wollten, war die Zustimmung unüberhörbar – insbesondere aus den Reihen unserer Kinder. Eine Ausstellung über die Bedeutung der Wälder, über Bäume und den beginnenden Waldschutz seit knapp 150 Jahren schien uns ein Gebot der Stunde zu sein. Der menschgemachte Klimawandel ist zum Politikum geworden, niemand kann sich dem Thema heute noch entziehen. Doch wer im Glashaus sitzt, sollte nicht mit Steinen werfen. Denn auch die Museen haben sich ein, zwei ökologische Fragen zu stellen: Ein Museum sammelt erlesene Stickereien aus dem Mittelalter, Goldschalen aus der Bronzezeit oder Daguerreotypien aus dem 19. Jahrhundert – alles Zeugen vergangener Epochen aus unterschiedlich heiklen beziehungsweise vergänglichen Materialien, die vor zu viel Licht, zu hoher Luftfeuchtigkeit und zu grossen Temperaturschwankungen zu schützen sind. Das seit rund 40 Jahren verbreitete präventive Konservieren benötigt Energie, sehr viel Energie. Im Winter müssen voluminöse Ausstellungssäle geheizt und im Sommer runtergekühlt werden – stets auf exakt 20 Grad. Es gilt die relative Luftfeuchtigkeit laufend zu justieren, denn die zugelassenen Bandbreiten um die Zielwerte sind gering. Die Luftzirkulation soll die Ausstellungsräume in Abhängigkeit des Besucheraufkommens und dessen Sauerstoffverbrauch laufend mit Um- und Frischluft versorgen. Allein dieses Klimatisieren der Museen und ihrer Depots hat energetisch einen hohen Preis, und so befinden sich die Museen in einem Zwiespalt: Entweder sie senken ihren Energieverbrauch, um einen Beitrag dazu zu leisten, das Leben unserer Nachkommen nicht weiter zu beeinträchtigen, oder sie schützen die Sammlungen vor dem Zerfall.

Down To Earth hiess eine Ausstellung im Gropius Bau, die den Klimawandel nicht bloss thematisierte, sondern auch ganz konkret veranschaulichte: Künstlerinnen und Künstler wurden keine mehr eingeflogen, auch keine Kuratorinnen und Kuratoren oder Kurierdienste, sogar auf Strom wurde während eines Monates gänzlich verzichtet. Ein eindrückliches Experiment für alle, die die Ausstellung besucht haben. Sie machte aber leider auch deutlich, dass der simple, aber konsequente Energieverzicht keine weit führende Handlungsanweisung für Museen sein kann; nicht für solche mit eigenen Sammlungen, ja nicht einmal für Ausstellungshäuser ohne Sammlungen, da bereits für die Ausstellungsgestaltung, die Präsentation und die nachträgliche Entsorgung der verwendeten Materialien Energie notwendig ist. Selbstredend konnte auch die Ausstellung *Im Wald. Eine Kulturgeschichte* nicht ohne erheblichen Energieverbrauch entstehen. Ist nun also die Programmation von *Im Wald. Eine Kulturgeschichte* im Landesmuseum, von *Down To Earth* im Gropius Bau oder von *Earth Beats* im Kunsthaus diskrepant? Selbstverständlich, das ist sie sehr wohl. Weltliche Sachverhalte sind im Unterschied zu sakralen Dingen nur in Ausnahmefällen frei von Zielkonflikten, Divergenzen und Widersprüchlichkeiten. Sie sind der Nährboden der Dilemmas. Dilemmas ärgern uns und treiben uns um, also haben wir uns ihnen zu stellen.

Auch das Schweizerische Nationalmuseum hat sich diesem Dilemma aller Museen zu stellen. Wie geht es nun mit dem beschriebenen Zwiespalt um? Das Sammlungszentrum mit mehreren Tausend Quadratmetern Grundfläche deckt den Energiebedarf mit einer Wärmepumpe und einer Fotovoltaikanlage, die einen Fünftel der benötigten Energie sicherstellt. Die zwei kleineren Häuser der Museumsgruppe, das Forum Schweizer Geschichte in Schwyz und das Château de Prangins bei Nyon, speisen ihren Energiebedarf noch auf Basis fossiler Energieträger, das grosse Haus in Zürich jedoch aus der Fernwärme der Schweizerischen Bundesbahnen. Für die Luftzirkulation reduzieren die drei Museen ihren Energieverbrauch mit gefilterter Umluft im Ausmass von 80 Prozent, für die Ausstellungsbeleuchtung stellt die Museumsgruppe auf das weniger Strom benötigende und langlebigere LED-Licht um, und für die Auf- und Abbauten entwickelte das Landesmuseum im Dienst der nachhaltigen Materialverwendung ein modulares Wand- und Vitrinensystem. Schliesslich trägt der im Jahr 2016 eingeweihte Annexbau in Zürich das Gütesiegel «Minenergie P Eco» – das P zeichnet Niedrigstenergiebauten mit maximaler Energieeffizienz aus und das Kürzel Eco verweist auf die ökologisch nachhaltige Bauweise. Und zu guter Letzt hat das Schweizerische Nationalmuseum in Absprache mit dem Bund kürzlich beschlossen, dass der Energieverbrauch auf das Niveau von 2000 zurückgefahren wird, zu erreichen ist das spätestens 2030.

Also alles gut? Nein, denn Einzelinitiativen von Museen sind nützlich, aber hilfreicher wären ergänzende Top-down-Empfehlungen für die gesamte Museumslandschaft. Die Museumsstatistiken sollen neben den Finanzen, der Anzahl Besuchenden oder Leihgaben auch Kennzahlen zum jährlichen Energieverbrauch ausweisen. Würden die verbrauchten Kilowattstunden pro Kubikmeter von Museum zu Museum verglichen, wären die jeweiligen Energieeinsparpotenziale weit schneller erkennbar. Vor allem müsste an technischen Hochschulen ein Forschungsfeld eröffnet werden – eines, das die tatsächliche Effektivität internationaler Standartwerte für die Raumtemperatur, Raumfeuchtigkeit oder Lichtexposition empirisch nachweist. Insbesondere die sehr geringen Toleranzbandbreiten haben energetische Kosten zur Folge, die den Konservierungsnutzen möglicherweise gar nicht aufwiegen können. Angesichts des hohen Energieverbrauchs der Museen sollten derartige Forschungsarbeiten selbstverständlich werden.

Ein ökologisches Umdenken ist wie in so vielen Lebensbereichen des 21. Jahrhunderts auch in der Museumslandschaft unausweichlich. Der Zwiespalt zwischen Energiesparen und konservatorischem Objektschutz wird bleiben, zu vermeiden ist er leider nicht, der Optimierungsspielraum soll aber ausgeschöpft werden.

Literatur

Amt für Wald und Naturgefahren: Bündner Wald – Jubiläumsausgabe. Coaz, Pionier seiner Zeit (1822–1918). Chur 2018.

Bachmann, Stefan: Zwischen Patriotismus und Wissenschaft. Die Schweizerischen Naturschutzpioniere (1900–1938). Zürich 1999.

Baur, Bruno / Rohner, Jürg / Scheurer Thomas (Hg.): Erinnerungen an Pioniere des Schweizerischen Nationalparks. Bern 2017.

Brunies, Steivan: Der Schweizerische Nationalpark. Basel 1914.

Fondation Cartier pour l'Art contemporain: Trees. Paris 2019.

Fuchs, Karin / Grimm, Paul Eugen / Stuber, Martin: Johann Coaz (1822–1918), der Wald und die Anfänge der schweizerischen Umweltpolitik. Zürich 2021.

Gerber, Peter R. (Hg.): Ka'apor. Menschen des Waldes und ihre Federkunst. Eine bedrohte Kultur in Brasilien. Zürich 1991.

Haller, Heinrich / Eisenhut, Antonia / Haller, Rudolf Michael (Hg.): Atlas des Schweizerischen Nationalparks. Die ersten 100 Jahre. Bern 2014 (2013).

Hardenburg, W.E.: The Putumayo. The Devil's Paradise. Travels in the Peruvian Amazon Region and an Account of the Atrocities Committed Upon the Indians Therein. London 1912.

Hölderlin, Friedrich: Sämtliche Werke: Frankfurter Ausgabe. Frankfurt am Main 1975–2008.

Kupper, Patrick: Wildnis schaffen. Eine transnationale Geschichte des Schweizerischen Nationalparks. Bern 2012.

Latour, Bruno: Kampf um Gaia. 8 Vorträge über das neue Klimaregime. Berlin 2017.

Manser, Bruno: Tagebücher aus dem Regenwald. Hg. vom Bruno Manser-Fonds. Basel 2019 (2004).

Manser, Bruno: Stimmen aus dem Regenwald. Zeugnisse eines bedrohten Volkes. Bern 1992.

Mathieu, Jon / Backhaus, Norman / Hürlimann, Katja / Bürgi, Matthias (Hg.): Geschichte der Landschaft in der Schweiz. Zürich 2016.

Mathieu, Jon: Die Alpen. Raum – Kultur – Geschichte. Ditzingen 2015.

Poschmann, Marion: Nimbus. Berlin 2020.

Pro Natura (Hg.): Die Stimme der Natur. 100 Jahre Pro Natura. Zürich 2009.

Pufe, Iris: Klima – Wälder – Indigene. Umwelt- und Entwicklungspolitik im Rahmen des «Klima-Bündnisses» zur Erhaltung von Natur und Kultur in Amazonien. München 2006.

Radkau, Joachim: Die Ära der Ökologie. Eine Weltgeschichte. München 2011.

Regehr, Ursula / Regehr, Verena. «Living with Trees: Drawings from the Gran Chaco». In: Couton Pierre-Éduard (Hg.): Trees. Ausstellungskatalog Fondation Cartier pour l'art contemporain, Paris. Paris 2019, S. 76–83.

Reséndez, Andrés: The Other Slavery: The Uncovered Story of Indian Enslavement in America. Boston 2017.

Rousseau, Jean-Jacques: Träumereien eines einsam Schweifenden. Berlin 2012.

Sarasin, Paul: Über die Aufgaben des Weltnaturschutzes. Basel 1914.

Schama, Simon: Der Traum von der Wildnis. Natur als Imagination. München 1996.

Schär, Bernhard C.: Tropenliebe. Schweizer Naturforscher und niederländischer Imperialismus in Südostasien um 1900. Frankfurt a.M. 2015.

Sebald, W.G.: Logis in einem Landhaus. München 1998.

Specht, Martin: Amazonas. Gefahr für die Lunge der Welt. Berlin 2020.

Stuber, Martin / Bürgi, Matthias: Hüeterbueb und Heitisträhl. Traditionelle Formen der Waldnutzung in der Schweiz 1800 bis 2000. Bern 2011.

Stuber, Martin: Wälder für Generationen. Konzeptionen der Nachhaltigkeit im Kanton Bern (1750–1880). Köln 2008.

Suter, Ruedi: Bruno Manser. Die Stimme des Waldes. Bern 2017 (2005).

Taussig, Michael: Shamanism, Colonialism and the Wild Man: A Study in Terror and Healing. Chicago 1987.

Wilbert, Johannes / Simoneau, Karin (Hg.): Folk Literature of the Nivakle Indians. Los Angeles 1987.

Alexander Brust
ist Kurator für Amerika am Museum der Kulturen Basel. Er hat am Lateinamerika-Institut der Freien Universität in Berlin Altamerikanistik, Ethnologie und Politologie studiert. Er arbeitet zu Museologie, Bildung, materieller und visueller Kultur in Südwestmexiko und Zentralbrasilien. Seit 30 Jahren begleitet er indigene Gemeinschaften in Lateinamerika bei Projekten zur Bewahrung des lokalen Kulturerbes.

Noëmi Crain Merz
ist Historikerin am Schweizerischen Nationalmuseum und Lehrbeauftragte für Neuere Geschichte an der Universität Basel. Sie studierte Geschichte, Volkswirtschaftslehre und Politikwissenschaften in Basel, Zürich und Bologna und promovierte in Frauen- und Geschlechtergeschichte. Zuletzt war sie Co-Kuratorin der Ausstellung *Frauen.Rechte* am Landesmuseum Zürich.

Monika Gisler
ist Historikerin mit eigenem Büro (www.unternehmengeschichte.ch) und lehrt an ETH und Universität Zürich zu den Themen Umwelt und Energie. Sie hat an den Universitäten Zürich, Basel und Los Angeles Geschichte und Politische Philosophie studiert und wurde 2006 promoviert. Aktuelle Publikationen zur globalen Energiegeschichte, zur Umweltwissenschaft an der ETH Zürich sowie zur Geschichte der Gasindustrie.

Erwin Koch
ist Journalist und Schriftsteller. Nach Studium und Promotion arbeitete er unter anderem für *Das Magazin* des *Tages Anzeigers,* für *Reportagen, Die Zeit* und *Die Welt.* Er schrieb mehrere Romane und Hörspiele und wurde für seine Artikel und Hörspiele mehrfach ausgezeichnet.

Stephan Kunz
ist seit 2011 künstlerischer Direktor des Bündner Kunstmuseums Chur. Er studierte Kunstgeschichte, Germanistik und Philosophie in Basel und Berlin. 1988–2011 war er Kurator und stellvertretender Direktor am Aargauer Kunsthaus Aarau.

Hans Lozza
ist Leiter der Kommunikation und Öffentlichkeitsarbeit des Schweizerischen Nationalparks im Engadin. Nach dem Studium der Erdwissenschaften hat er das Höhere Lehramt in Geografie an der ETH in Zürich und ein CAS in Corporate Communications am SPRI absolviert. Seit 25 Jahren leitet er die Öffentlichkeitsarbeit des bisher einzigen Schweizer Nationalparks.

Daniel Maynard
ist leitender Wissenschaftler am Crowther Lab der ETH Zürich. Er erforscht die Beziehungen zwischen unterschiedlichen Lebewesen in grossen, artenreichen Ökosystemen. Ursprünglich als Mathematiker ausgebildet, erstreckt sich seine Arbeit auf die Bereiche Forstwissenschaft, öffentliche Gesundheit, Umweltschutz und ökologische Theorie. Er promovierte in Ökologie an der Yale University, erwarb einen Master-Abschluss in Biostatistik an der Harvard University und einen Master-Abschluss in Management von natürlichen Ressourcen an der University of New Hampshire.

Pascale Meyer
ist Historikerin und arbeitet seit 2005 als Kuratorin am Schweizerischen Nationalmuseum. Sie ist zuständig für die Sammlung *Zeitzeugen* und diverse Ausstellungen im Bereich Kulturgeschichte. Ihre Ausstellungen der letzten Jahre waren unter anderem *Revolution – Russland und die Schweiz* (2017) und *Indiennes – Stoff für tausend Geschichten* (2019).

Ursula Regehr
ist Sozialanthropologin und seit 2021 Kuratorin der Abteilung Afrika im Museum der Kulturen Basel. Im Rahmen ihrer Promotion im Institut für Sozialanthropologie an der Universität Bern setzt sie sich mit der Rekonfiguration indigener Formen der Repräsentation in multiplen Prozessen der Kolonisierung im Chaco auseinander. Seit Ende der 1990er Jahre arbeitet sie mit indigenen Zeichnern zusammen.

Verena Regehr-Gerber
ist Sozialanthropologin und lebt im paraguayischen Chaco. Mit ihrer Tochter Ursula und indigenen Kunstschaffenden realisierte sie mehrere Ausstellungen in Asunción. Sie engagiert sich mit indigenen Gemeinschaften für die Landrestitution und den Umweltschutz sowie in der NGO Espacios in Paraguay und dem schweizerischen Verein und der Stiftung zur Unterstützung indigener Gemeinschaften im Chaco.

Andreas Spillmann
ist promovierter Ökonom. Nach der Leitung der Abteilung Kultur in Basel wurde er kaufmännischer Direktor des Schauspielhauses Zürich und 2004 auch dessen künstlerischer Direktor. Von 2006 bis 2021 stand er als Direktor der Museumsgruppe Schweizerisches Nationalmuseum vor.

Isabel Zürcher
lebt als freie Kunstwissenschaftlerin, Autorin und Redaktorin in Basel. Sie hat diverse Texte und kulturwissenschaftliche Publikationen zu zeitgenössischer Kunst vorgelegt. Ihr Schreiben belegt immer wieder ihr leitendes Interesse an einer adäquaten sprachlichen Antwort auf Prozesse und Werke der bildenden Kunst.

Stefan Zweifel
ist freier Kurator und Autor. Er hat Philosophie, Komparatistik und Ägyptologie studiert. Er ist Übersetzer unter anderem von D.A.F de Sade, J.-J. Rousseau und Marcel Proust. Zusammen mit Juri Steiner hat er am Landesmuseum zuletzt die Ausstellungen *Imagine 68* (2018) und *Der erschöpfte Mann* (2020) kuratiert sowie mit Stephan Kunz *Dance me to the end of love – ein Totentanz* im Kunstmuseum Chur (2020).

Wir danken den Leihgeberinnen
und Leihgebern

Aargauer Kunsthaus, Aarau
Naturama Aargau, Aarau
Ballenberg Freilichtmuseum
der Schweiz
Bruno Manser-Fonds, Basel
Historisches Museum Basel
Kostümkaiser, Basel (Aesch)
Kunstmuseum Basel
Museum der Kulturen, Basel
Naturhistorisches Museum Basel
Pro Natura, Basel
Schweizerisches Museum für
Papier, Schrift und Druck, Basel
Staatsarchiv Basel-Stadt
Bundeskunstsammlung, Bern
Burgerbibliothek, Bern
Kunstmuseum Bern
Kunstsammlung der
Schweizerischen Mobiliar
Genossenschaft, Bern
Robert Walser-Zentrum, Bern
Schweizerische
Nationalbibliothek, Bern
Universitätsbibliothek Bern
Musée du Pays-d'Enhaut,
Château-d'Œx
Bündner Kunstmuseum Chur
Bündner Naturmuseum / Amt
für Kultur, Chur
Rätisches Museum Chur
Staatsarchiv Graubünden, Chur
Kirchner Museum Davos
Museum Folkwang, Essen
Freies Deutsches Hochstift /
Frankfurter Goethe-Museum,
Frankfurt a. M.
Fondation Bodmer,
Genf (Cologny)
Regionalmuseum Surselva, Ilanz
Kunstmuseum Luzern
Graphische Sammlung München
Bilbliotheque publique et
universitaire Neuchâtel
Hilti Art Foundation, Schaan,
Liechtenstein
Musée d'art du Valais, Sion
Musée d'Art Moderne et
Contemporain de Strasbourg
The Princely Collections,
Vaduz-Wien
Stiftung für Kunst, Kultur und
Geschichte, Winterthur
Gemeinde Zernez
Schweizerischer
Nationalpark, Zernez
ETH-Bibliothek, Zürich
ETH Zürich Geologisches
Institut, Zürich
Graphische Sammlung
ETH Zürich
Stadtarchiv Zürich
Werner Coninx Stiftung, Zürich
Zentralbibliothek Zürich
Zürcher Hochschule
der Künste / Museum für
Gestaltung Zürich
Privatsammlungen
Nicolas Barth
Bern/Davos, E.W.K
Celia Caspar
Laurent Flutsch
Sammlung Maja Hoffmann /
Luma Foundation
Klaus Littmann
Monika Niederberger
Ursula Regehr & Verena Clara
Regehr Gerber
Christina Sonderegger

Werke von
Guido Baselgia
Denise Bertschi
Julian Charrière
Franz Gertsch
Klaus Littmann
Ugo Rondinone
Shirana Shahbazi
Thomas Struth

Fotografien von
James Barclay
Julien Coquentin
Erik Pauser
Mutang Urud
Alberto Venzago

Mit freundlicher
Unterstützung des
Schweizerischen Nationalparks
und der Kulturstiftung Basel
H. Geiger
(«Arena für einen Baum»)

Im Wald.
Eine Kulturgeschichte

Hrsg. Schweizerisches Nationalmuseum

Essays von Alexander Brust, Noëmi Crain Merz, Monika Gisler, Erwin Koch, Stephan Kunz, Hans Lozza, Daniel Maynard, Pascale Meyer, Ursula und Verena Regehr, Andreas Spillmann, Isabel Zürcher, Stefan Zweifel

Impressum Publikation

Diese Publikation erscheint anlässlich der Ausstellung *Im Wald. Eine Kulturgeschichte* Schweizerisches Nationalmuseum, Zürich, 18. März bis 17. Juli 2022

Herausgeber
Schweizerisches Nationalmuseum

Redaktion
Noëmi Crain Merz, Pascale Meyer

Redaktionsmitarbeit
Luisa Heim

Lektorat und Korrektorat
Miriam Seifert-Waibel, Maike Kleihauer

Bildbestellung und Rechteabklärung
Manuel Kaufmann

Grafik und Satz
Groenlandbasel, Basel
Dorothea Weishaupt, Sinja Steinhauser, Kenan Brunner

Schrift
Eliza

Papier
Profibulk 1.1, 135 g/m²

Lithografie, Druck und Bindung
DZA Druckerei zu Altenburg GmbH, Thüringen

Verlag Scheidegger & Spiess
Niederdorfstrasse 54
8001 Zürich, Schweiz
www.scheidegger-spiess.ch

Der Verlag Scheidegger & Spiess wird vom Bundesamt für Kultur mit einem Strukturbeitrag für die Jahre 2021–2024 unterstützt.

ISBN 978-3-03942-061-2

FSC www.fsc.org MIX Papier aus verantwortungsvollen Quellen FSC® C100411

Umschlagabbildung
Robert Zünd (1827–1909), *Eichwald,* 1859, Öl auf Leinwand, 77,7 × 104,2 cm. Kunstmuseum Luzern, Depositum der Stiftung BEST Art Collection Luzern, vormals Bernhard Eglin-Stiftung, Inv.-Nr. M 87x, © Kunstmuseum Luzern, Andri Stadler

Abbildungen Seiten 10/11 und 114/115
Julian Charrière (*1987), *Ever Since We Crawled Out,* 2018, Videostills.
© Julian Charrière; © 2021, ProLitteris, Zurich / VG Bild-Kunst, Bonn, Germany

Impressum Ausstellung

Gesamtleitung
Denise Tonella, Andreas Spillmann (bis 31. März 2021)

Wissenschaftliche Beratung
Marlén Gubsch, Bernhard Schär, Stephan Kunz

Projektleitung und Kuration
Pascale Meyer, Regula Moser

Co-Kuratorin
Noëmi Crain Merz

Szenografie und Ausstellungsgrafik
Schmauder Und

Videoprojektionen
Georg Lendorff

Wissenschaftliche Mitarbeit
Marina Amstad, Manuel Kaufmann

Praktikantin
Luisa Heim

Technische Leitung Bau
Debbie Sledsens, Mike Zaugg

Steuernder Ausschuss
Heidi Amrein, Beat Högger, Markus Leuthard, Sabrina Médioni, Denise Tonella

Projektcontrolling
Sabrina Médioni

Bildung und Vermittlung
Tanja Bitonti, Stefanie Bittmann, Lisa Engi, Vera Humbel

Marketing und Kommunikation
Andrej Abplanalp, Anna-Britta Maag, Sebastiano Mereu, Carole Neuenschwander, Stefania Nicolini, Alexander Rechsteiner

Ausstellungsaufbau
Janine auf der Maur, Bachir Ezzerari, Ladina Fait, Marc Hägeli, Mike Roder, Dave Schwitter

Konservierung und Objektmontage
Natalie Ellwanger, Iona Leroy

Leihwesen
Maya Jucker, Angela Zeier

Objektlogistik
David Blazquez

Übersetzungen
Marco Marcacci, Laurence Neuffer, Nigel Stephenson